明清家具

计算机视觉建档技术

刘 春　顾珈静　曾 勇　马玉涵　编著

U0337557

同济大学 出版社

TONGJI UNIVERSITY PRESS

·上海·

序　一

2022 年初夏的上海，刚开启了涅槃之后的重生。同济校园里的师生也从这个"单薄的春天里打马过来"，迈入有序的教学科研生活。在希望的气氛弥漫之际，我收到了刘春教授的书稿。展卷读来，深为感佩。刘春教授是一个有趣的人，他是一名测绘学科的工科教授，却颇有古文人士大夫之风，于翰墨丹青、乐韵、美食多有涉猎。本书是他用测绘专业的理性思维，对明清家具进行数字化处理研究的一个阶段性成果，是他把个人喜好融于专业研究的又一次尝试。明张岱曾言："人无癖，不可与交，以其无深情也。"所谓癖好，正是用情深处，而用情深处，正是执念。癖好一旦成为执念，一言一行，皆脱不开这个干系了，于是专业和兴趣便合二为一。达到这样的境界是何等的幸福啊！

我国古代家具在明清两代达到鼎盛时期，其风格独特、体系庞大，对当代生活影响尤甚。北京故宫博物院是全国收藏古典家具最多的地方，除了明清两代最受推崇的硬木家具以外，还有相当一部分的漆木家具。漆木家具在传统家具体系中占有重要的位置，尤其是一部分有具体年款的，更具参考价值。故宫收藏的漆木家具的具体年代涵盖了明宣德款、万历款、崇祯款和清康熙款、乾隆款，形式包含桌、案、椅、榻、橱柜、书架、箱、匣等，造型纹饰和制作均优美精致。

本书发挥了同济人文学科的优势，组织人员对明清两代一百多套家具的类别、部件和纹饰进行系统性的考证和梳理；进而根据整理的资料，加工制作成具有典藏价值的一百多套微缩模型；为更好地研究明清家具的造型、工艺以及时代特征，再利用计算机视觉技术对明清家具微缩模型构建高精度的三维数字文化档案。这一饶有趣味的任务需要人文历史知识和自然科学知识的有机融合，不同学科专业的师生在此过程中各擅胜场、相互学习，真正实现文理交叉、协同创新。我一直强调，学科交叉只是手段，而不是目的。只有念想和兴趣才是催生真正的交叉成果的引擎，"于事上磨"是创新的不二法门。

现代社会的芸芸众生，普遍在一个标准化的主流思维下成长，太多个人兴趣早已经被锁住。没有了兴趣，学习和工作因而成为苦差事，变得越来越不好玩。我非常欣喜地在刘春教授的这本书里读到图文之外，一种在不知不觉中用心积攒下来，弥足珍贵的趣味和喜好。"默然不说声如雷"，在学术专著的外衣里，这本书想要宣示的是一种生活态度和学术主张。我希望刘春教授能不断地在学术和喜好之间游走，能不断地出新成果，让"喜好就是学术，学术就是喜好"的态度影响更多人。兹事体大，这不仅是一个工科教授人文情怀的问题，更是对"钱学森之问"的一个切实回答。倘若这种态度能唤醒更多学者被深锁的兴趣，转化成为驱策创新的源泉，于国家、于社会、于大学、于个人成长，皆善莫大焉！

同济大学副校长
瑞典皇家工程科学院院士
2022 年 6 月

序　二

"你来写个序吧。"

老刘说这句话的时候正值疫情期间，大家都在各地待着，隔着手机屏幕云喝酒。值守校园已经两个多月的老刘留着唏嘘的胡茬。群里弹出书稿，仿佛少年时候递上不知道在哪里藏着的一支烟。

这是一本关于明清家具和计算机视觉的书，然而我既不懂明清家具，那是老曾的爱好；又是计算机视觉的门外汉，那是老刘的专业。把爱好和专业跨界糅合起来，既是用现代科技对古代手艺的把玩，也是前人技艺对现代科技的回响。因而我有些犹豫，一介白丁怎么好意思随随便便去给需要多年浸润的专业和爱好狗尾续貂、画蛇添足呢，这大概是去油漆已经包浆了的黄花梨琴桌吧。

书已几近完稿，空白的序正像是琴桌旁空着的椅子。

"你写个序，这样就整齐了，这本书算是我们的一个纪念吧"，老刘端着酒杯。

三十多年前我们从家乡出发，东奔西走，聚少离多，偶尔相聚小酌也常行色匆匆。即便许久不见，端起酒杯还是袒露不足为外人道的心事。

酒酣耳热的时候也曾畅想过留一些我们自己的纪念，比如一起写写青春时候荒唐往事的回忆，比如一起开车自驾去西域或者沿着国境线走一圈。大抵都是欢声笑语里不断构思场景、补充细节，最终却落入中年油腻男的常规套路，往往愿望多于行动。而现在书稿就在那里，一言不发。

　　这让我想起书里的那些家具，从泥土出发，慢慢生长，各自生出枝桠，经琢磨而成型，散落人家，它们与各自身边的人生活起居，默不作声，一点点在岁月里温润。因为有人用计算机视觉来关照，忽然有一天，它们又在这本书上聚到了一起。

　　以后老了一起晒太阳的时候又多了话题，老曾笑了。

　　来来来，我们再干一杯。

　　此刻窗外夜凉如水，夏虫临窗而鸣。

2022 年 6 月 15 日，于苏州

前　言

　　文物，是人类历史的印记，是社会进步的见证，承载着民族的历史，维系着文化的认同。近年来，随着《国家宝藏》《假如国宝会说话》等电视节目的热播，珍贵的文物逐渐被揭开神秘面纱，进入大众视野。文物蕴含着古典美学和设计元素，但很难从博物馆走入实际生活。以物质形态存在的文化遗产体系庞大、内容繁杂，往往难以承受时间的考验，自然或人为灾害都可能使其毁于一旦，为此人们更需对其深入了解和有效传承。巴黎圣母院被火焰吞噬的画面触目惊心；巴西国家博物馆馆藏约2000万件藏品在大火中付诸一炬；玄奘取经时参拜的巴米扬大佛被人为炸毁；织田信长火烧比叡山，七百年的寺庙和文物书卷全部成为灰烬。回首历史，文物的历史进程并非一帆风顺。此外，文物美学传承、辐射影响的能力，也因其只能陈列于博物馆展厅内而受到限制。当下，开展文化遗产的数字化研究是文物保护的热点，建立高精度且逼真的文物三维模型对数字博物馆建设、文物保护和研究、文物鉴赏和展示具有重要意义。

　　本书利用计算机视觉技术对明清家具微缩模型构建高精度三维数字文化档案，阐明了计算机视觉建档技术的历史背景、基本原理、发展现状与前沿信息。全书分为五章：第1章为三维重建技术，主要介绍了基于不同原理的三维重建技术及其发展现状与研究进展，利用像片进行三维重建的常用软件以及三维重建技术在不同领域的应用。第2章为视觉精细感知，介绍了从生物视觉到计算机视觉的历史发展与演变过程，计算机视觉与摄影测量的关系，基于视觉的精细感知技术及其研究进展。第3章为明清家具计算机视觉建模技术，从背景需求、系统介绍、明清家具数字化应用与技术分析四个方面展开，提出了对小型文物进行精细感知与三维重建的非接触、低成本、高效率方法，实现了三维重建的高精度、全自动化与全覆盖。第 4 章为明清家具三维建档技术，从三维建档技术的背景需求、明清家具编码体系架构、明清家具属性信息管理与分级索引结构设计四部分展开。在明清家具编码体系架构中，针对明清家具的文化特点，从类别、纹饰、部件出发进行分层管理，构建了明清家具分层管理体系。针对明清家具的精细化数字模型，通过三维信息提取出家具纹饰、部件、结构特征，以此为依据建立索引，对三维模型信息进行多层次组织与管理，从而建设高精度数字文化档案。第 5 章为明清家具数字文化档案的图文展示，从家具、部件、纹饰分别展开介绍，其中，家具分为椅凳类、桌案类、柜橱类、床榻类、屏架类、套件类与其他；部件包括椅圈、搭脑、腿足等共 33 个类别；纹饰分为神兽、植物、图案和神话故事。出于对家具类别、部件和纹饰介绍的可靠性考量，本书主要参考《中国国粹艺术读本明清家具》（廖奔 主编）和《家具收藏鉴赏图鉴》（收藏家杂志社 编）两部著作，充实了三维数字文化档案中的人文要素。

感谢同济大学测绘与地理信息学院吴杭彬老师，人文学院徐郅杰同学，机械与能源工程学院董涛同学，测绘与地理信息学院汤焱、贾守军、张景、艾克然木、周骁腾同学，设计创意学院任梓心同学，上海同繁勘测工程科技有限公司在本书完成过程中提供的帮助。

编著者

2022 年 6 月

目 录

1

三维重建技术

1.1
基于三维激光扫描技术的三维重建

1.1.1 三维激光扫描技术概述

三维激光扫描技术又被称为实景复制技术或高清晰测量技术，它是传统测量技术的进一步发展[1]。三维激光扫描技术集合了众多高新技术，突破了传统测绘的单点测量方法，将传统的全站仪单点采集方式转换为连续且自动的数据获取方式，将全站仪时代的点测量转换为立体测量，是测绘领域的一次重大技术变革[2]。该建模方法通过三维激光扫描系统获取目标地物的点云，再经过去噪、滤波、配准等一系列内业处理，最终得到目标地物的三维模型。三维激光扫描系统是三维激光扫描技术的关键，其种类繁多，在不同领域其类型也不尽相同。三维激光扫描系统主要有以下几种分类方式[3]：

（1）按照操作空间位置的不同可以划分为四类：机载型、车载型、地面型、手持式。

（2）按照激光光束成像方式的不同可以划分为三类：摄像扫描式、全景扫描式、混合型扫描式。

（3）按照扫描仪测距原理的不同可以划分为三类：基于激光脉冲测距原理、基于相位测量原理、基于光学的三角测量原理。

三维激光扫描系统一般由扫描设备、计算机、电源和相应的后处理软件构成[4]。三维激光扫描仪的基本组成包括测距机构和测角机构，通过扫描仪中的距离测量系统向目标实体发射激光束，测距系统通过反射回来的激光测得扫描设备与目标实体的距离；然后通过角度测量系统获取扫描仪与所测目标的角度信息，包括水平角度与竖直角度，扫描仪内的驱动设备与转向镜控制激光束在扫描范围内旋转，实现对目标实体各个位置的扫描；最后，基于以上获得的信息，可以计算出被测物体与三维激光扫描仪的相对位置，再引入绝对坐标即可以求得被测物体的绝对空间坐标[5]。

1.1.2 三维激光扫描技术研究进展与应用

三维激光扫描技术具有非直接接触、全天候、全天时、高精度等优点，能有效避免三维建模过程中容易对待测的目标地物造成二次损伤，在文物数字化保护、测绘工程、结构测量、建筑与古迹测量、娱乐、采矿等领域已经得到较为广泛的应用[6]。美国斯坦福大学基于"数字化米开朗基罗"项目，将地面三维激光扫描技术和近景摄影测量技术结合，对米开朗基罗的雕塑进行了三维重建[7]。J. A. Beraldin 等[8]对意大利的圣克里斯蒂娜地下室进行了三维精细化建模，并对比分析了基于校准球和基于点云数据的拼接效果。Allen 等[9]对圣皮埃尔大教堂进行了三维激光扫描重建，并利用距离图像分割技术和特征提取算法，自动构建拓扑图。Allen 等[10]利用移动三维激光扫描技术获取法国某教堂高精度的三维模型，用于建筑物的健康检测。故宫博物院利用三维激光扫描技术对古建筑群进行了数字化建模[11]。敦煌研究院结合三维激光扫描技术对莫高窟进行了三维重建，并生成具有纹理的洞窟模型[12]。T. H. Kersten 等[13]对汉堡市市政大厅进行了激光扫描，并根据所获得的点云数据开展了数字化三维重建，为建筑物的修缮、保护提供精确数据支撑。清华大学对五台山佛光寺东大殿进行了三维扫描，利用平面图、剖面图与点云获取建筑物变形数据[14]。吴静等[15]对山东科技学院某大楼进行扫描获得建筑外表面信息，提取细部信息完成模型重建。赵煦等[16]利用三维激光扫描数据与影像的融合，获取大同云冈石窟外立面的点云模型，实现了文物景观的三维重建。A. Sampath 等[17]利用机载三维激光扫描系统对多面建筑物进行数据采集，通过内业分割处理得到建筑物的屋顶点云，并对屋顶进行三维建模。Thanh 等[18]对中国地质大学化石林的两棵硅化木化石进行了三维激光扫描，并通过三角化完成模型的重构与贴图。K. Chmelina 等[19]提出了一种用于隧道围岩监测和测绘的移动多传感器投影测量系统，利用搭载激光扫描仪的测量小车对隧道进行自动化点云数据采集。同济大学程效军等[20]提出了多点坐标平差计算圆心的方法求取切片的圆心和半径，根据隧道的设计半径得出隧道的收敛变形情况。山西大同勘测测绘院利用地面三维激光扫描技术对云冈石窟进行精细化建模，实现了云冈石窟的数字化管理与保护[21]。万怡平等[22]将获取的建筑点云数据进行分层投影，并基于边界点完成三维模型构建。化蕾等[23]利用地面激光扫描系统对客家土楼进行点云采集，并基于采集到的点云构建真实感、精细化的三维模型。彭文博等[24]利用三维激光扫描技术对四川省某处摩崖舍利塔进行扫描，并利用相应的点云后处理软件和三维建模软件得到该古建筑的三维模型。M. Bassier等[25]利用激光扫描的三维建模技术，提出了建筑工地漂移不变度量评价方法。D. Kim等[26]利用地面激光扫描仪获取桥梁段点云模型，实现了斜拉桥快速施工。H. Li等[27]将三维激光扫描点云模型与BIM中的模型进行比较，以提高预制模块化施工项目的质量控制水平。徐凯等[28]通过徕卡的HDS8800激光扫描仪获得了三维文化遗产模型。

1.2
基于结构光技术的三维重建

1.2.1　结构光技术概述

结构光三维测量技术是一种非接触主动式三维测量技术，具有非接触、高精度、速度快、高鲁棒性等优点，目前已被广泛应用于工业检测、人体测量、虚拟现实、文物保护和数字化展示等多个领域。

结构光三维测量系统由结构光投射器、相机和计算机系统组成，通过结构光投射器向被测物表面投射结构化的光信息，经由相机采集，根据因被测物造成的光信号变化，计算被测物的三维信息。根据投射结构光的类型，结构光技术可以分为点结构光、线扫描结构光和面阵结构光。点结构光技术通过将单束激光投射到被测物表面，由相机采集经由被测物表面反射的光点，对物体进行逐点扫描，其鲁棒性好，但图像获取与处理效率低下，难以运用于实时动态测量。线扫描结构光技术通过向被测物表面投射平面狭缝光，每幅图像可以得到一个截面的深度信息，其测量精度较高，但测量效率仍然较低。为平衡三维测量的精度和效率，目前使用范围更加广泛的是面阵结构光技术。一般所说的结构光技术即指面阵结构光技术。

面阵结构光技术分为随机结构光和编码结构光两类。随机结构光通过向被测物表面投射亮度不均、随机分布的点状结构光，以增加被测物表面的特征点，其立体匹配原理与被动双目视觉立体匹配原理相同。编码结构光技术通过投影仪向被测物表面投射单幅或多幅经过编码的图案，由于被测物表面高度调制，所投射的图案在被测物表面产生不同程度的变形。变形后的结构光图像经由单个或一组相机拍摄，通过计算机系统对图像进行解码处理，从而获取结构光图像与投影图案点对点的对应关系。在相机及投影仪内、外参数已知的情况下，计算被测物的三维信息，实现被测物表面的三维稠密重建。

近年来，基于编码结构光的三维重建技术得到了广泛的应用，这有赖于图像获取、结构光编码与解码、结构光系统的标定等多个关键技术的共同发展。

1.2.2 基于编码结构光的三维重建技术

结构光编码、解码技术是结构光技术应用发展的基础，该技术通过主动在被测物表面增加特征点，提高像素点匹配的效率与精度。因此，该技术已成为基于编码结构光的三维重建领域一个重要的研究方向。根据结构光的编码策略，结构光编码方法可分为时间编码、空间编码和直接编码三类[29]。不同的编码方法在重建精度、重建效率等方面各有优劣，因此其适用性也各不相同。

1.2.2.1 时间编码

时间编码是最常用的结构光编码策略之一。通过向被测物表面按时间顺序投射一组编码图案，以像素为单位对被测物表面进行编码。时间编码包含二值编码、n 值编码、时间编码与相移法结合的编码以及混合编码等多种编码方式。其中，二值编码可细分为普通二值码 [30] 和格雷码 [31] 两类；n 值编码 [32] 通过建立码值与特定 RGB 颜色或灰度对应关系进行编码；时间编码与相移法结合的编码方式相较于时间编码方式，空间分辨率更高；混合编码结合时间编码与空间编码，可利用较少数量的投影图案获得较高的测量精度。

时间编码相较于其他编码策略，空间分辨率更高，鲁棒性更好，但由于该策略需要投射多幅编码图案，重建效率较低，应用于动态物体的三维测量时具有一定的局限性。为突破这一局限，同时兼顾空间分辨率，学者们先后提出了多种编码方法，如循环互补格雷码辅助相移法 [33]、分区间相位展开方法和格雷码复用编码法 [34]、三灰度格雷码辅助相移法 [35] 等多种方法，当投射速度、采集速度足够快时，通过减少投射图案数量，缩短获取每一帧重建结果的时间，以达到实时动态采集的效果。

1.2.2.2 空间编码

相较于不附带编码信息的随机结构光，空间编码策略按照一定方式对一幅图案进行编码，图案中各点的编码值由其邻近特征点的颜色、强度或几何特征信息得到。非正式编码、基于 De Brujin 序列编码以及基于 M 阵列编码均为空间编码。非正式编码根据各区域信息（如条纹间隔信息）产生码字；基于 De Brujin 序列编码利用 Hamiltonian 或 Eulerian 路径 [36]，生成伪随机码 De Bruijn 序列构造一维编码；基于 M 阵列编码是一种二维伪随机码，生成 M 阵列有多种方法，如 Griffin 编码[37]、Spoelder 编码[38] 以及 Morano 编码[39] 等。

空间编码策略仅需投射一幅编码图案，相较于时间编码策略，其更适用于动态场景实时测量；但其对噪声扰动十分敏感，邻近特征点信息误匹配对正确解码影响较大，相较于时间编码策略，其空间分辨率较低。为改变这一现状，学者们也在原有编码方法基础上加以改进，如 Chen 等[40] 提出由采集正方形彩色格组成的 M 阵列编码图案，提高了编码图案的空间分辨率；Albitar 等[41] 提出由 3 种黑白图形元素构成的编码图案，通过增大邻近特征点在颜色、几何形状等方面的差异，降低特征点误匹配率。

1.2.2.3 直接编码

直接编码策略利用多种颜色或周期性灰度信息，以像元为单位，对其进行编码。直接编码策略可细分为灰度直接编码和彩色直接编码。灰度直接编码策略引入周期性灰度信息，根据各像素点灰度值与其在均匀强度光照下灰度值之比进行编码；彩色直接编码策略使用光谱颜色对编码图案中每个像素点设定不同比例的周期性彩色值作为其编码值。

直接编码策略算法复杂度较低，一定程度上提高了测量效率，但因为直接编码策略依赖于色彩或灰度信息，当像元间色差较小时，其极易受噪声扰动，同时该策略受被测物表面颜色特性和环境光的影响较大。相较于前两类编码策略，直接编码策略适用范围较小。

1.2.3 编码结构光三维重建技术研究进展

三维重建是指在系统检校的基础上，利用解码方法对相机所拍摄的结构光图案进行解算得出特征点对应关系，再基于三角测量原理求出所有特征点的三维坐标的过程。但是，在对动态场景进行三维重建时，若选择需投射多张编码图案的编码策略，将不可避免会因运动引入测量误差。因此，合理地降低运动误差是正确进行三维重建的基础。许多学者提出了多种降低运动误差的方法，如加快结构光图案投射频率。以投射面结构光的 DLP 光机为例，型号为 DLP4500 的光机在投射 8bit 的正弦条纹时投射频率仅为 120Hz，而投射 1bit 的二值条纹时，其投射频率可达 4225Hz。根据 Lei 等 [42] 提出的二值离焦投影技术，通过离焦投影二值条纹图案即可获得正弦条纹图案，这将在很大程度上提高结构光图案的投射频率。此外，还有一些学者通过设计快速投影设备，如 Heist 等 [43] 利用设计的阵列投射器，达到了 3kHz 的投射频率；Hyun 等 [44] 设计的高速阵列投射器，相较于 Heist 等 [45] 设计的阵列投射器的投射频率提升了一个数量级；Guan 等 [45] 采用激光干涉技术生成正弦条纹，甚至将条纹刷新频率提升到 50MHz。由于这些方法依赖于外部触发的准确性，若触发结构光图案的投射器与采集图案的相机之间存在延迟，则仍会存在通过提高投射频率和采集速率无法降低的运动误差。因此，有必要通过运动误差补偿进一步降低运动误差。

（1）通过追踪被测物体位置补偿运动误差。Lu 等 [46] 通过在被测物体周围放置标志物追踪物体位置，此方法可显著减少运动引起的误差，但标志物需要人工放置，不能实现自动化测量。Lu 等 [47] 对追踪物体位置的方法进行了改进，改用比例不变特征变换算法追踪被测物体的位置，以此补偿刚体运动引起的测量误差。由于上述方法 [46,47] 均是基于参考物进行校准，这将在很大程度上降低测量精度。为弥补这一不足，Lu 等 [48] 提出了一种用虚拟平面来补偿运动引起的误差的方法。

（2）通过估计被测物体运动补偿运动误差。Guo 等 [49] 基于 Lucas-Kanade 光流法提出了一种运动误差补偿方法，通过捕获被测物体在开始和结束时的状态估计其运动信息；Weise 等 [50] 使用帧间延迟估计被测物体表面点的速度，并以此估计被测物体的运动信息。上述方法可以进行像素级的运动误差补偿，但均不能用于不均匀运动物体的三维重建，这在很大程度上限制了方法的应用场景。

1.2.4 结构光技术的应用

1.2.4.1 汽车制造领域

在汽车制造领域，利用结构光三维扫描技术对零部件进行三维扫描，可以避免人为测量失误，快速获取工件的表面特征及工件误差值，助力汽车产品研发、质量控制和复杂结构的研究及改型，从而提高工作效率，缩短汽车设计研发周期并降低研发成本。

1.2.4.2 文物保护和数字化展示领域

对于文物修复，利用结构光三维扫描技术对文物进行扫描和非接触测量，可以获取文物的三维数据，并可复原得到缺失部位的三维数字模型。通过对文物材质的数字化分析，可以借助 3D 打印技术制作出文物缺失部件，并实现复原部件与原文物的无损对接，从而复原文物全貌。这种修复方式可以避免翻模和脱模过程中对文物的二次损伤。

对于文物虚拟展示，结构光三维扫描技术能以无接触、无损害、全方位的方式，准确、有效地记录文物真实信息，并能在 VR（Virtual Reality，虚拟现实）领域以更加生动的方式进行集中展示。目前已有博物馆推出数字虚拟展厅，观众可借助 VR 技术、全息成像、CG 还原技术等，以更加真实、有趣的方式，沉浸式感受中国的灿烂文化。

1.3
基于视觉技术的三维重建

三维重建已成为三维视觉测量的一大重要任务。三维视觉测量技术是建立在计算机视觉研究基础上的一门新兴技术，研究重点是测定物体在三维空间的位置、形状、大小等三维信息[51]。基于视觉技术的三维重建是通过计算机视觉方法及摄影测量技术，对数字摄像机拍摄的二维影像进行非接触三维测量。这一技术的优势在于不受物体形状限制，可实现全自动或半自动建模，重建速度较快、效果较好，是三维重建的一个重要发展方向，可广泛应用于包括移动机器人自主导航系统、航空及遥感测量、工业自动化系统等在内的各个领域，由此项技术产生的经济效益极为可观 [52]。

计算机视觉方法按照获取数据的方式，可分为主动视觉法和被动视觉法；按照视觉传感器的数量，可分为单目视觉法、双目视觉法和多目视觉法。

1.3.1 单目视觉法

单目视觉法（Monocular Vision）是指利用一台摄像机拍摄单张像片，完成视觉测量任务，重建三维模型。这种测量方法依赖的系统构造简单，运算量小，成本较低，只利用单张影像就可以重建三维模型，但缺点是重建效果不稳定。单目视觉方法主要有如下几种。

（1）明暗度恢复形状法（Shape From Shading）。通过分析图像中的明暗信息，运用反射光照模型，恢复物体表面的法向信息，从而进行三维重建 [53]。这种方法的优势在于仅利用单幅图像进行重建，除镜面之外所有类型的物体都适用，但是对光照条件要求非常苛刻，需要明确光源的位置及方向，难以在室外或光线情况复杂的场景下应用。

（2）光度立体视觉法（Photometric Stereo）。光度立体视觉法是指通过不共线的多个光源获得物体的多幅图像，再将不同图像的亮度方程联立求解物体表面法向量的方向，从而恢复物体形状 [54]。光度立体视觉法的优点在于增加了约束条件，同时利用多幅图像和多个光源，能够避免明暗度法存在的病态问题，提高方法的精确度和鲁棒性。但这种方法难以应用于镜面物体以及室外场景。

（3）纹理恢复形状法（Shape From Texture）。纹理恢复形状法是指当一个表面光滑并具有重复纹理的物体投影在二维图像上时，纹理单元会发生投影变形和透视收缩变形，这两种变形可以从图像中测量得到，因而通过分析图像中物体表面重复纹理单元的大小、形状，就能反向求取物体法向、深度等信息，进行三维重建。这种方法的鲁棒性较好、重建精度较高，对于光照和噪声都不敏感，但只适用于具有规则纹理的物体，应用范围有限[52]。

（4）轮廓恢复形状法（Shape From Silhouettes/Contours）。轮廓恢复形状法是通过物体多个角度的轮廓图像得到三维模型，可以分为基于体素的方法[55]、基于视壳的方法[56]和基于锥素的方法[57]。这种方法需要进行精确的摄像机标定，从而获取相机内、外参数。此外还需要精确的图像轮廓信息。轮廓法虽然对输入信息的要求非常苛刻，但由于其计算复杂度较低，因而重建效率较高。

（5）焦点恢复形状法（Shape From Focus）。焦点恢复形状法也称调焦法，摄影时物体位于焦距位置附近能够使成像清晰。通过建立焦距、光圈与图像清晰度之间的关系，计算物体深度，从而获得三维模型。调焦法的优点在于对光源的要求不高，但是需要调节焦距、光圈大小等，操作有些繁琐，对于复杂纹理的重建效果不太理想。

（6）运动恢复结构法。通过在多幅未标定的图像中检测需要进行匹配的特征点集，使用数值方法恢复相机的位置关系与三维信息。目前常用光束法平差（Bundle Adjustment，BA）[58]进行优化，采用非线性回归中回归参数最小二乘估计的 L-M 方法（Levenberg-Marquardt），综合最速下降法和线性化方法(泰勒级数)，最速下降法适用于迭代的开始阶段（参数估计值远离最优值），线性化方法适用于迭代的后期（参数估计值接近最优值），两种方法结合可以较快地找到最优值。运动恢复结构法对图像的要求较低，能够通过图像序列实现相机自标定，实现大场景建模。由于特征提取和匹配的算法优化，这一方法鲁棒性较强，通常重建效果较好。缺点在于数据较多，运算量大，对特征点较少的弱纹理场景重建效果不佳[52]。

1.3.2 双目视觉法

人类通过融合两只眼睛获得的图像并利用视差获得对于深度的感觉，双目视觉法（也称立体视觉法）正是一种模拟人类视觉获得深度的算法，是计算机视觉研究的重点问题。该方法可以提高生产的灵活性、自动化与智能化程度，具有效率高、精度合适、系统结构简单、成本低等优点，在虚拟现实、机器人导航、非接触式测量等许多方面具有应用价值。

双目视觉法在两个不同视点获取同一物体的两张影像，通过三角测量法将匹配点的视差信息转换为深度信息，大致分为相机标定、图像获取、特征提取、立体匹配和三维重建五个步骤。

1.3.2.1 相机标定

相机标定是指求解相机的内、外参数矩阵，以此可以将像素坐标转换为物理坐标进行距离求解与三维重建。常见的相机标定方法主要有以下几种。

（1）直接线性变换法（Direct Linear Transformation，DLT）。该方法由 Abdel-Aziz[59] 提出，其建立了像点坐标和对应物点物方空间坐标之间的线性关系，适用于非量测相机，不需要内、外方位元素参与运算，计算过程简单，缺点是忽略了相机的镜头畸变等因素，导致所得结果精度不高，仅能够用于中、低精度的测量任务。

（2）Tsai 两步标定法。该方法于 1987 年由 Tsai[60] 提出。第一步是利用最小二乘法求解超定线性方程组，在径向一致的约束条件下计算相机外参数。第二步是求解相机内参数。如果相机无透镜畸变，则通过超定线性方程求解内参数；如果相机存在透镜径向畸变，则通过非线性优化算法迭代求解相机内参数。该方法简单且精度较高，在工业测量等领域应用广泛。为提高摄像机标定精度，徐杰 [61] 在 Tsai 两步标定法的基础上提出了一种新的标定方法，针对面阵 CCD 摄像机建立新的综合畸变模型，运用两步迭代法逐步逼近精确解，不受限于 Tsai 两步法中镜头只有径向畸变的规定，可用于多种复杂的镜头畸变情况。

（3）基于 Kruppa 方程的自标定方法。利用绝对二次曲线在图像中的像与摄像机的刚体运动无关，而与摄像机内参数有关的性质对摄像机进行标定[62]。该方法较为灵活，但鲁棒性较差，精度不高，并且若不对摄像机的运动进行限制，方程的求解仍是非线性问题，且标定的结果易受图像噪声的干扰。

（4）张正友标定法。张正友教授在 1998 年提出利用平面棋盘格标定板进行相机标定的方法，在棋盘格标定板上定义世界坐标系，根据已知的格子大小计算每一个角点在世界坐标系下的物理坐标，通过角点的像素坐标和物理坐标标定求解相机的畸变参数和内、外参数矩阵。该方法不需要高精度标定物，先利用线性成像模型得到参数初值，再运用非线性优化法求得最优解。

1.3.2.2 图像获取

利用两台摄像机从水平或垂直的两个不同视点获取同一物体的两张影像，要求两台摄像机经过光学特性、机械特性和电子特性的严格校准，并且聚焦系统、变焦系统、几何失真、增益控制、光圈控制、会聚控制和视差控制等要求尽量保持一致[63]。

1.3.2.3 特征提取

从原始图像中提取具有较强表达能力的图像特征是模式识别和计算机视觉中关键的一步，也是智能图像处理的一个研究热点[64]。在特征提取前通常采用中值滤波、高斯滤波、双边滤波等方法对图像进行预处理以降低噪声。特征提取的方法可以大致归纳为：① 颜色或灰度的统计特征提取；② 纹理、边缘特征提取；③ 图像代数特征提取；④ 图像变换系数特征或滤波器系数特征提取[65]。由于三维重建需要还原深度信息，因此一般采用基于灰度变化的提取算法，利用某一点的灰度值与周围的差异来进行特征提取[66]。

1.3.2.4 立体匹配

图像立体匹配是双目立体视觉中最为关键的技术，由于左右两个摄像机的空间位置不同，拍摄的像片在像平面上存在水平和深度视差，从而导致左右图像存在差异[67]，而同名点匹配可以在很大程度上消除这种差异。左右图像的立体匹配受到顺序一致性约束、连续性约束、极线约束和唯一性约束[66]。现有的立体匹配方法可分为区域匹配、特征匹配和相位匹配三大类[68]。

1.3.2.5 三维重建

三维重建是基于先前的相机标定、图像获取、特征提取、立体匹配等工作，利用相机的内、外参数与同名点的对应关系，通过视差和三角测量原理获取像片点的三维坐标和物体的深度信息[66]，获得稠密点云，再通过插值计算、网格化处理和纹理映射等操作最终获得三维模型。

1.3.3 多目视觉法

目前基于双目视觉法的三维重建应用广泛、组成简单、布设快速，但是存在假目标、边缘模糊、视野范围狭窄、误匹配等问题，因而不利于用于直接评估几何信息。多目视觉系统是单目和双目的扩展，可以获得更广泛的三维信息，无需接触，视野范围大，识别精度高，重建效果稳定，通用性较好，鲁棒性较强。一般来说，重建效果依赖于特征点的密集程度，特征点越密集则重建效果越好，但相应的运算量也大大增加；缺点是多目视觉设备结构复杂，价格高，且计算量较大，不易实现同步控制。

1.3.4 像片三维重建软件介绍

目前行业中根据像片进行三维重建的主流软件有美国 Bently 公司的 ContextCapture（CC），俄罗斯 Agisoft 公司的 PhotoScan 和瑞士 Pix4D 公司的 Pix4D mapper。

本书就 ContextCapture 软件进行简要介绍。ContextCapture 能够通过系列影像自动三维重建生成高分辨率三维模型，无需人工干预，修复工作量小且建模效果理想，缺点是该软件价格较高并且不易上手。

ContextCapture 的两大核心模块是 ContextCapture Master 和 ContextCapture Engine。其中 ContextCapture Master 是 ContextCapture 的主要模块。在使用该模块前，需要通过相机环绕静态目标物，从多角度采集一系列像片，尽量覆盖目标物各个方位的姿态。通过图形用户接口，将系列像片作为数据源导入 Master 模块，输入传感器尺寸、焦距、像片的姿态、控制点等参数（部分传感器与像片参数能够自动识别），设置处理过程，然后提交任务，处理结果能够可视化显示。

ContextCapture Engine 是 ContextCapture 的工作模块，需要启动 Engine 才能在计算机后台进行空中三角测量与三维重建。Engine 模块中采用的图像处理算法有特征提取、连接点匹配、图像特征匹配、三维重建、纹理映射等。该过程完全无需人工干预，根据输入的数据大小决定建模耗时长短，最终输出带有真实纹理、色彩、几何形态及细节特征的高分辨率三角网格模型。

ContextCapture 可生成的三维数据格式有 obj，s3c，stl，osgb，fbx，dae 等多种，其中，obj，stl 和 fbx 格式最为常用，能够与多种软件进行互导。

1.4
三维重建技术应用

当下三维重建技术已经渗透进人类生活的方方面面,在犯罪勘测、交通监控、医学建模、游戏领域、机器导航上都有着极为广泛的应用。

在犯罪勘测和交通事故现场,利用徕卡 BLK3D 三维实景测量仪能够实现拍照测量一体化的功能,利用自带的双目相机和测距仪,快速获取具有精确尺寸的三维图像,以实现无接触高精度测量的需求,避免了信息遗漏以及对现场的二次破坏,提高了现场勘察的效率和质量。

徕卡 BLK3D 三维实景测量仪
(图片源自网站 https://www.lewisinstruments.com 和 https://www.laser-measure.co.uk)

在医学领域，由三维重建衍生出的 3D 打印技术得到了广泛应用。利用 3D 打印定制患者的个性化器官模型，能够在手术前进行规划和模拟，降低手术风险，提高成功率，缩短手术时间。3D 打印能够极大地降低器官、假肢等的生产成本，同时定制化设计将更加贴合患者的生理与心理需求，避免批量复制生产带来的种种问题。同时，3D 打印技术的时效性能够确保植入式治疗的迅速开展，对于分秒必争的医疗救护非常重要。卡洛斯三世大学对皮肤进行了 3D 打印技术研究，从而能够避免患者进行皮肤移植的有限性，并减少了患者的痛苦。美国生物医学公司 Organovo 通过 3D 打印肠道和肝脏组织进行体外研究，避免了传统体内研究的限制性，从而获得更为逼真的仿真信息。

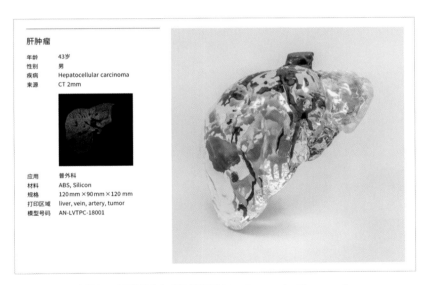

肝肿瘤 3D 打印指导手术（图片源自网站 https://www.cn-healthcare.com）

在游戏行业，基于摄影制图法（Photogrammetry）的三维重建在 FIFA 系列、育碧的《刺客信条：奥德赛》、EA 的《战地》和《星战》等大量写实类游戏里得到广泛应用。通过拍摄物体各个角度的照片，从而在软件里直接快速进行三维重建，得到逼真的模型形状和颜色，在提高真实度的同时，极大地缩短了游戏物件与场景的制作周期。

FIFA（图片源自网站 https://www.moddingway.com）　　《刺客信条：奥德赛》（图片源自网站 https://www.3dmgame.com）

《战地》（图片源自网站 https://wall.alphacoders.com）　　《星战》（图片源自网站 https://wall.alphacoders.com）

移动机器人通过传感器来感知环境和自身状态，机器导航则是通过定位来确定移动机器人相对于全局的位置坐标及姿态。较为主流的机器导航方式有视觉导航、激光导航、电磁导航、二维码导航等，其中视觉导航是较为先进和前沿的技术，由于与环境及被观测对象都无接触，因而对机器人和被观测对象都不会造成损坏。

目前合适的低成本定位导航方案是利用视觉双目相机、IMU 与结构光的组合，通过标定后的双目摄像头同步采集图像，通过三维重建获得视野范围内的立体信息。相较于激光导航、电磁导航、二维码导航等，视觉导航更适用于三维立体环境，并且不需要对环境进行调整，如安装二维码、反射板等，施工成本低、灵活性更强。

视觉机器人

参考文献

[1]　方毛林 . 三维激光扫描技术在文物古迹保护中的应用研究 [D]. 合肥：合肥工业大学，2017.

[2]　赵典刚 . 基于三维激光扫描 + 实景建模的建筑逆向建模关键技术研究 [D]. 青岛：青岛理工大学，2018.

[3]　吴晨亮 . 基于三维激光扫描技术的建筑物逆向建模研究 [J]. 北京测绘，2014(5)：9-11.

[4]　曾如铁 . 三维激光扫描的点云数据处理与建模研究 [D]. 重庆：重庆交通大学，2019.

[5]　王艋 . 基于地面三维激光点云数据的三维重构研究 [D]. 西安：长安大学，2016.

[6]　余培永 . 基于地面三维激光扫描的古建筑三维重建及虚拟现实的应用研究 [D]. 赣州：江西理工大学，2019.

[7]　Levoy M, Pulli K, Curless B, et al. The digital Michelangelo project: 3D scanning of large statues[C]// Conference on Computer Graphics & Interactive Techniques, 2000:131-144.

[8]　Elhakim S F, Beraldin J A, Picard M, et al. Detailed 3D reconstruction of large-scale heritage sites with integrated techniques[J]. Computer Graphics & Applications IEEE, 2004, 24(3): 21-29.

[9]　Allen P K, Troccoli A, Smith B, et al. New methods for digital modeling of historic sites[J]. IEEE Computer Graphics and Applications, 2003, 23(6):32-41.

[10]　Allen P K, Stamos I, Troccoli A, et al. 3D modeling of historic sites using range and image data[C]//IEEE International Conference on Robotics & Automation. IEEE, 2003.

[11]　王莫 . 三维激光扫描在故宫古建筑测绘中的应用研究 [J]. 故宫博物院院刊，2011(6)：143-156, 163.

[12]　王晓雨 . 沉浸式虚拟 3D 敦莫高窟场景重现技术研究 [D]. 西安：西安工程大学，2016.

[13]　Kersten T H, Sternberg H, Stiemer E. Terrestrisches 3D laserscanning in Hamburger Rathaus Mensi GS100 and IMAGER 5003 in Vergleich[C]//Panoramic Photogrammetry Workshop, 2005:309-318.

[14]　张晓青 . 3D 打印技术应用于文物复制的可行性研究 [D]. 北京：北京印刷学院，2014.

[15]　吴静，靳奉祥，王健 . 基于三维激光扫描数据的建筑物三维建模 [J]. 测绘工程，2007，16(5)：57-60.

[16]　赵煦，周克勤，闫利 . 基于激光点云的大型文物景观三维重建方法 [J]. 武汉大学学报：信息科学版，2008，33(7)：684-687.

[17]　Sampath A, Jie S. Segmentation and reconstruction of polyhedral building roofs from aerial lidar point clouds[J]. IEEE Transactions on Geoscience and Remote Sensing, 2010, 48(3): 1554-1567.

[18]　Thanh N T, 刘修国，王红平，等 . 基于激光扫描技术的三维模型重建 [J]. 激光与光电子学进展，2011，48(8)：112-117.

[19]　Chmelina K, Jansa J, et al. A 3-D laser scanning system and scan data processing method for the monitoring of tunnel deformations[J]. Journal of Applied Geodesy, 2012: 177-185.

[20]　刘燕萍，程效军 . 基于三维激光扫描的隧道收敛分析 [J]. 工程勘察，2013，41(3)：74-77.

[21]　田继成，罗宏，吴邵明 . 三维激光扫描技术在云冈石窟 13 窟数字化中的应用 [J]. 城市勘测，2014(4)：23-26.

[22]　万怡平，习晓环，温奇，等 . 地面点云数据快速重建建筑模型的分层方法 [J]. 测绘工程，2015(5)：47-51.

[23]　化蕾，黄洪宇，陈崇成，等 . 基于激光点云数据的客家土楼三维建模 [J]. 遥感技术与应用，2015，30(1)：115-122.

[24]　彭文博，杨武年，王鹏 . 三维激光扫描技术在古建筑模型重建中的应用 [J]. 地理空间信息，2016，14(3):94-96.

[25]　Bassier M, Vincke S, Winter H D, et al. Drift invariant metric quality control of construction sites using BIM and point cloud data[J]. International Journal of Geo-Information, 2020, 9(3D Indoor Mapping and Modelling):1-24.

[26]　Kim D, Kwak Y, H Sohn. Accelerated cable-stayed bridge construction using terrestrial laser scanning[J]. Automation in Construction, 2020, 117: 1-12.

[27]　Li H, Zhang C, Song S, et al. Improving tolerance control on modular construction project with 3D laser scanning and BIM: A case study of removable floodwall project[J]. Applied

Sciences, 2020, 10(23): 1-21.

[28] 徐凯, 郝洪美, 郭亚兴. 基于三维激光扫描仪的三维文物模型的建立 [J]. 北京测绘, 2014(4): 120-122.

[29] Salvi J, Pages J, Batlle J. Pattern codification strategies in structured light systems[J]. Pattern Recognition, 2004, 37(4):827-849.

[30] Posdamer J L, Altschuler M D. Surface measurement by space-encoded projected beam systems[J]. Computer Graphics & Image Processing, 1982, 18(1): 1-17.

[31] Inokuchi S, Sato K, Matsuda F. Range imaging system for 3-d object recognition[C]//Proceedings of the International Conference on Pattern Recognition, 1984:806-808.

[32] Caspi D, Kiryati N. Range imaging with adaptive color structured light[J]. IEEE Transactions on Pattern Analysis and Machine Intelligence, 1998, 20(5): 470–480.

[33] Wu Z, Zuo C, Guo W, et al. High-speed three-dimensional shape measurement based on cyclic complementary Gray-code light[J]. Optics Express, 2019, 27(2): 1283-1297.

[34] Wu Z, Guo W, Li Y, et al. High-speed and high-efficiency three-dimensional shape measurement based on Gray-coded light[J]. Photonics Research, 2020, 8(6): 819-829.

[35] Zheng D, Qian K, Da F, et al. Ternary gray code-based phase unwrapping for 3D measurement using binary patterns with projector defocusing[J]. Applied Optics, 2017, 56(13): 3660-3665.

[36] Fredricksen H. A survey of full length nonlinear shift register cycle algorithms[J]. Siam Review, 1982, 24(2): 195-221.

[37] Griffin P M, Narasimhan L S, Yee S R. Generation of uniquely encoded light patterns for range data acquisition[J]. Pattern Recognition, 1992, 25(6): 609-616.

[38] Spoelder H, Vos F M, Petrin E M, et al. Some aspects of pseudo random binary array-based surface characterization[J]. IEEE Transaction on Instrumentation & Measurement, 1998, 49(6): 1331-1336.

[39] Morano R A, Ozturk C. Structured light using pseudorandom codes[J]. Pattern Analysis & Machine Intelligence IEEE Transactions on, 1998, 20(3): 322-327.

[40] Chen S Y, Li Y F, Zhang J. Realtime structured light vision with the principle of unique color codes[C]//IEEE International Conference on Image Processing, 2007.

[41] Albitar C, Graebling P, Doignon C. Design of a monochromatic pattern for a robust structured light coding[C]//IEEE International Conference on Image Processing, 2007.

[42] Lei S, Zhang S. Flexible 3-D shape measurement using projector defocusing[J]. Optics Letters, 2009, 34(20): 3080-3082.

[43] Heist S, Mann A, P Kühmstedt, et al. Array-projected aperiodic sinusoidal fringes for high-speed 3-D shape measurement[C]//Dimensional Optical Metrology and Inspection for Practical Applications III. International Society for Optics and Photonics, 2014.

[44] Hyun J S, Zhang S. High-speed 3D surface measurement with mechanical projector[C]//Dimensional Optical Metrology & Inspection for Practical Applications VI. International Society for Optics and Photonics, 2017.

[45] Guan Y, Yin Y, Li A, et al. Dynamic 3D imaging based on acousto-optic heterodyne fringe interferometry[J]. Optics Letters, 2014, 39(12): 3678-3681.

[46] Lu L, Xi J, Yu Y, et al. New approach to improve the accuracy of 3-D shape measurement of moving object using phase shifting profilometry[J]. Optics Express, 2013, 21(25): 30610-30622.

[47] Lu L, Yi D, Luan Y, et al. Automated approach for the surface profile measurement of moving objects based on PSP[J]. Optics Express, 2017, 25(25): 32120-32131.

[48] Lu L, Yin Y, Su Z, et al. General model for phase shifting profilometry with an object in motion[J]. Applied Optics, 2018, 57(36): 10364-10369.

[49] Guo Y, Da F, Yu Y. High-quality defocusing phase-shifting profilometry on dynamic objects[J]. Optical Engineering, 2018, 57(10): 1-11.

[50] Weise T, Leibe B, Van Gool L. Fast 3d scanning with automatic motion compensation[C]// IEEE Conference on Computer Vision and Pattern Recognition, 2017.

[51] 张祖勋, 张剑清, 张力. 数字摄影测量发展的机遇与挑战 [J]. 武汉大学学报 : 信息科学版, 2000, 25(1): 7-11.

[52] 佟帅, 徐晓刚, 易成涛, 等 . 基于视觉的三维重建技术综述 [J]. 计算机应用研究, 2011, 28(7): 2411-2417.

[53] Minsky M L . Shape from shading: A method for obtaining the shape of a smooth opaque object from one view[M]. Boston: Massachusetts Institute of Technology, 1970.

[54] Woodham R J. Photometric method for determining surface orientation from multiple images[J]. Optical Engineering, 1980, 19(1): 139-144.

[55] Martin W N, Aggarwal J K. Volumetric descriptions of objects from multiple views[J]. IEEE Trans on PAMI, 1983, 5(2): 150-158.

[56] Laurentini A. The visual hull concept for silhouette-based image understanding[J]. IEEE Trans on PAMI, 1994, 16(2): 150-162.

[57] Triggs B, Mclauchlan P F, Hartley R, et al. Bundle adjustment: A modern synthesis[C]// Proceeding of International Workshop on Vision Algorithms: Theory and Practice, 2000: 298-375.

[58] Akimoto T, Suenaga Y, Wallace R. Automatic creation of 3D facial models[J]. IEEE Computer Graphics & Application, 1993, 13(5): 16-22.

[59] Abdel-Aziz Y I, Karara H M. Direct linear transformation from comparator coordinates into object space in close-range photogrammetry[J]. American Society of Photogrammetry, 1971: 1-18.

[60] Tsai R Y. A versatile camera calibration technique for high-accuracy 3D machine vision metrology using off-the-shelf TV cameras and lenses[J]. IEEE Journal on Robotics & Automation, 2003, 3(4): 323-344.

[61] 徐杰 . 机器视觉中摄像机标定 Tsai 两步法的分析与改进 [J]. 计算机工程与科学, 2010, 32(4): 45-48.

[62] 王欣, 高焕玉, 张明明 . 一种基于 Kruppa 方程的分步自标定方法 [C]// 第四届中国 Agent 理论与应用学术会议, 2012.

[63] 杨珺, 王继成 . 立体图像对的生成 [J]. 计算机应用, 2007, 27(9): 2106-2109.

[64] 李弼程, 彭天强, 彭波 . 智能图像处理技术 [M]. 北京 : 电子工业出版社, 2004: 149-166.

[65] 翟俊海, 赵文秀, 王熙照 . 图像特征提取研究 [J]. 河北大学学报 : 自然科学版, 2009, 29(1): 106-112.

[66] 阳军连 . 基于双目视觉三维测量技术的研究与应用 [D]. 大连 : 大连理工大学, 2014.

[67] 黄鹏程, 江剑宇, 杨波 . 双目立体视觉的研究现状及进展 [J]. 光学仪器, 2018, 40(4): 81-86.

[68] 夏永泉, 刘正东, 杨静宇 . 不变矩方法在区域匹配中的应用 [J]. 计算机辅助设计与图形学学报, 2005, 17(10): 12-16.

视觉精细感知

2.1
从生物视觉到计算机视觉

眼睛作为五官中对外部世界产生最直观印象的感官，对人类的生活与工作起到了至关重要的作用。几个世纪以来，视觉的感知问题一直都吸引着许多科学家与哲学家的思考。

在公元前 300 年，欧几里德的《光学》拉开了视觉研究的序幕，他提出人眼是以射线进行感知的，双眼发射射线到物体表面，射线被反射回来再进行感知。欧几里德的观点奠定了视觉理论的基本思想：视觉是通过直线进行传播和感知的。而对立派别的亚里士多德以整个物体为人眼感知的单位，认为人眼能够径直认识到一个完整的对象，显然这种看法在生物视觉的原理上是有误的，但在某种意义上能够视作计算机视觉中物体识别与语义认知的源头。

由古希腊跨越到两千年以后，牛顿（Isaac Newton）对色彩的认知开启了一个新的篇章。在此之前，人们认为色彩是物体本身的性质，而色散实验颠覆了人们对颜色的认识。牛顿提出颜色仅是一种视觉的感受，是以色光为主体的客观存在而非物体本身的属性，可以从物体上抽离出来。色彩感觉的产生依赖光、物、眼三者之间的联动，可见光投射到物体上后，一部分光被吸收，另一部分光被反射，对双眼造成刺激，从而在视觉中枢上形成颜色的概念。他强调人眼并不会发射射线，因而否定了欧几里德的射线论。"颜色是视觉感受"的观点为后来康德哲学的先验感性论提供了理论依据。康德认为，诸如颜色、软硬之类的属性都是属于感觉的东西，可以从物体的表象中抽离出去，而唯有空间与形状是纯粹直观的、先天的，即便没有任何现实的感知，也能够作为一种单纯的感性形式存在于人们心中。

与牛顿同时代的英国科学家布鲁斯特（David Brewster）提出了红、黄、蓝是三原色的概念，这三种颜色无法由别的颜色合成。现在常提的色光三原色 RGB 则分别对应红、绿、蓝，色彩是通过红、绿、蓝三个颜色通道的变化以及相互叠加而形成的。

1861 年，苏格兰物理学家马克斯韦尔（James Clerk Maxwell）提出"加色法"，这一原理成为现代色彩处理方法的基础，他通过放映幻灯展示了世界上第一幅全彩色影像。

与色彩的历史并行的另一条支线是透视法的发展。15 世纪初，意大利建筑师布鲁内莱斯基（Brunelleschi）最早提出了科学线性透视法，这一方法使绘画方式产生了巨大变革，促进了文艺复兴的发展，意大利画家马萨乔（Masaccio）开始运用科学透视法作画。随后以达·芬奇（Da Vinci）为首的文艺复兴画家创造出空气透视法来表现画作的空间感。画家利用颜料将三维世界的物体投射到二维平面，利用景深、视差来营造三维视觉，发展至此，绘画作品愈发接近真实照片。

透视变换利用小孔成像的原理，为摄影测量的发展奠定了基础。小孔成像的实验最早由中国的墨子和他的学生完成，他们解释了成像倒立的原因并且指出光沿直线传播的性质，远早于牛顿的发现和解释。19 世纪，物理学家威廉·惠斯顿（William Whiston）发现和定义了立体视觉的概念，荷兰测量学家 Fourcade 首次发现通过立体像对可以构建立体视觉。20 世纪 80 年代，美国麻省理工学院的 Marr[1] 提出了一种基于双目匹配的视觉计算理论，使两张有视差的平面图经过处理能够产生有深度的立体图形，从而实现三维重建。

双目立体视觉是机器视觉的一种重要形式，而机器视觉作为机器自动化和智能化的关键技术，是人工智能的核心研究领域与发展最快的分支之一，只有先帮助机器看到、理解外部世界，才能进一步让机器像人类一样学习、思考、行动。

随着科技的进步，计算机视觉技术得到不断的发展，基于视觉的立体感知算法在三维地图生成、机器人视觉导航、三维场景重建等多个领域得到了广泛应用。

2.2
摄影测量与计算机视觉

摄影测量是指对非接触传感器系统获得的影像及其数字表达进行记录、量测和解译的过程，是获得自然物体和环境的可靠信息的一门工艺、科学和技术[1]。其基本任务是在摄影瞬间严格地建立图像和物体之间的几何关系。摄影测量学经历了模拟摄影测量、解析摄影测量和数字摄影测量三个阶段，逐渐向自动化、数字化发展。对于数字摄影测量的定义，目前有两种主流观点：一种观点认为数字摄影测量是基于数字影像与摄影测量的基本原理，应用计算机技术、数字影像处理、影像匹配、模式识别等多学科的理论与方法，提取所摄对象用数学方式表达的几何与物理信息的摄影测量学的分支学科。另一种广义的数字摄影测量定义只强调其中间数据记录及最终产品是数字形式的，即数字摄影测量是基于摄影测量的基本原理，应用计算机技术，从影像（包括硬拷贝、数字影像或数字化影像）提取所摄对象用数学方式表达的几何与物理信息的摄影测量学的分支学科[2]。

计算机视觉是利用成像系统模拟人眼或其他生物视觉，借助几何、物理和学习理论来建立模型，并使用统计方法来处理数据[3]，从图像、图像序列或影像中提取对世界的描述。计算机视觉的目标是使计算机获得并分析场景的三维信息，具备感知和理解外部空间的能力。从定义和应用目标来看，计算机视觉与摄影测量都有着极高的相似度。

在原理上，摄影测量与计算机视觉都以小孔成像和立体视觉为理论基础，两者研究的侧重点不同。摄影测量的关注点在于测量，因而有更高的测量精度要求，而计算机视觉追求模拟人类视觉的功能，因而其重点在于实时性、鲁棒性和自动化，关注算法的研究和创新，这就导致两者在处理问题时产生了一定的差异。

摄影测量与计算机视觉的另一差异为应用领域，这与两者所属学科的不同有关。摄影测量作为测绘学的分支，其主要摄影对象为地球表面，目的之一是测绘各种基本比例尺的地形图和各类专题图，为遥感的数据分析与地理信息系统的构建等提供基础数据。计算机视觉作为计算机学科下的分支，应用面则更加广泛。近年来，这两个领域的融合日益密切，摄影测量以地面移动测量系统（Mobile Mapping System, MMS）采集道路和街景；而计算机视觉同样关注道路信息（以及室内场景）的提取与重建，并应用于机器人、城市地图、智能交通和自动驾驶中，由此产生了一个称为同时定位与地图构建（Simultaneous Localization And Mapping, SLAM）的研究支流（摄影测量与计算机视觉）。此外，目前摄影测量和计算机视觉都在试图解决语义认知的问题。场景的信息到知识的有效转化是实现认知能力提升的关键。空间场景作为地球复杂系统的基元，是连接人机行为与地理空间的重要纽带。典型的人、机、物三元融合场景，因其高度复杂、不确定性强、持续动态演化的场景特性，对空间观测处理的智能化水平与人机交互质量提出了更高的要求。揭示智能体空间认知行为与判断机制，实现对空间场景的理解从特征感知向语义认知的迈进，是摄影测量与计算机视觉研究在新一代人工智能发展阶段的前沿问题与挑战。

2.3
基于视觉的精细感知技术

感知由"感"与"知"构成。"感"是感觉，当对象被提供给我们并使我们受到刺激时，该对象就对我们的表象能力产生效果，这种效果就是感觉。对象凭借感性被提供给我们，我们运用知性进行直观思维从而产生概念，这一过程就是知。对于机器而言，感知是与外部环境的交互过程，机器视觉中的"视"与"觉"分别对应着"感"与"知"。在"感"

的过程中，机器借助视觉传感器等硬件设备接收外部世界的信息，将其转化为数字信号反馈给计算机。在"知"的过程中，机器通过软件和算法对数字信号进行认知、处理和分析，进一步作出反应。

　　基于视觉的精细感知技术由四大要素组成：光源、视觉传感器、平台、方法，彼此之间相互关联，缺一不可。光使得物体能够在传感器上成像，传感器搭载在平台上进行工作，而通过合适的方法才能提高感知的精细度。

　　在感知的过程中，光照条件对感知精细度非常重要，而影像亮度的均匀一致性能够提升图像匹配与运算处理效果。

　　视觉感知中通常采用成像传感器，它由相机、镜头、图像采集卡和视觉处理器组成，

成像传感器分类图

影像分辨率越高，感知的精细度也越高。成像传感器按照其工作方式可分为被动传感器和主动传感器。被动传感器可分为光学摄影类型和光电成像类型。光学摄影类型的传感器有框幅式摄影机、缝隙摄影机、全景摄影机、多光谱摄影机等；光电成像类型的传感器有 TV 摄像机、扫描仪、CCD（Charge-Coupled Device，电荷耦合器件）等。主动传感器有侧视雷达和全景雷达，其中侧视雷达又可分为真实孔径雷达和合成孔径雷达。

平台是搭载传感器的设备，目前常用的平台有卫星、飞机、无人机、地面车等。平台的稳定性以及传感器与成像平台之间的适配性和兼容性对于精细感知不可或缺。

方法包括传感器与平台布设的方法和数据采集与处理的算法，其中数字图像处理和基于深度学习的图像处理算法是当下最为热门的领域之一。

2.4
精细感知研究进展

Liu 等[4] 将不变的广义霍夫变换视为基于形状的提取器，以提高城市土地覆盖分类的质量，解决了由超高分辨率光学传感器感知密集城市环境的问题，将建筑区域检测的准确度提高了 30%～40%。Jia 等[5] 对构建问题场景的高精度二维地图提出了一种交叉校正的 LiDAR SLAM 方法，该方法包括：① 粗糙映射的姿态校正（PCRM）模型，使用来自局部位姿校正模块的初始位姿来增加数据关联能力并生成具有累积误差的粗糙映射；② 用于地图校正的位姿优化（MCPO）模型，提出一种基于块的局部地图校正模块，同时考虑地图和姿态来构建约束条件，增强了累积误差消除能力，从而构建高精度二维地图，实现高效准确的室内建模。

　　Liu 等 [6] 提出一种机械模型来估计多旋翼无人机在任务规划过程中的能力，模型的构建基于多旋翼飞行力学与遥感任务导向的覆盖路径规划理论，为感知任务的规划、分解、决策和执行提供理论依据，有助于降低低电量风险，提前保障感知任务的安全性和效率。Liu 等 [7] 提出一种面向地面特征的无人机测绘路径规划方法，先从较低分辨率的图像中估计地面特征点的分布，然后通过三步优化来选择图像足迹，最后通过解决"分组旅行商"的问题生成无人机飞行路径，确保在正射影像拼接期间对图像进行地理配准，同时将正射影像的覆盖率最大化，实现无人机测绘的精细感知。Zhang 等 [8] 提出一种全景图像采集规划方法，利用光线投射过程定义图像重叠，然后根据水平和垂直重叠阈值的约束生成采集计划，通过保持相邻图像之间的重叠来确保全景图像的完整性与信息丰富度，实现了无人机十亿像素全景感知的有效性与灵活性。爱奇艺的深度学习云算法小组联合武汉大学、慕尼黑工业大学首次提出 I2UV-HandNet 模型 [9]，"将点的超分转化为图像超分"，实现了从单目 RGB 图像恢复手部三维网格，用以对手势和形状进行精确估计与三维超分重建。Boyoon 等 [10] 对配置单目相机和激光测距仪的移动机器人提出了多运动跟踪算法，能够在外部运动检测中补偿机器人自运动的影响以及处理瞬态和结构化的噪声以增强鲁棒性。

参考文献

[1] 张剑清，潘励，王树根. 摄影测量学 [M]. 武汉：武汉大学出版社，2003.

[2] 张祖勋，张剑清. 数字摄影测量学 [M]. 武汉：武汉大学出版社，1997.

[3] David A F, Jean P. 计算机视觉——一种现代方法 [M]. 高永强，等，译. 北京：电子工业出版社，2012.

[4] Liu C, Zeng D, Wu H, et al. Urban land cover classification of high-resolution aerial imagery using a relation-enhanced multiscale convolutional network[J]. Remote Sensing, 2020, 12(2): 1-20.

[5] Jia S, Liu C, Wu H, et al. A cross-correction LiDAR SLAM method for high-accuracy 2D mapping of problematic scenario[J]. ISPRS Journal of Photogrammetry and Remote Sensing, 2021, 171(5): 367-384.

[6] Liu C, Akbar A, Wu H, et al. Mission capability estimation of multicopter UAV for low-altitude remote sensing[J]. Journal of Intelligent & Robotic Systems, 2020, 100(1–2): 667-688.

[7] Liu C, Zhang S, Akbar A. Ground feature oriented path planning for unmanned aerial vehicle mapping[J]. IEEE Journal of Selected Topics in Applied Earth Observations and Remote Sensing, 2019(4): 1-13.

[8] Zhang S, Liu C, Zhou Y. UAV-based gigapixel panoramic image acquisition planning with ray casting-based overlap constraints[J]. Journal of Sensors, 2019: 1-9.

[9] Chen P, Chen Y, Yang D, et al. I2UV-HandNet: Image-to-UV prediction network for accurate and high-fidelity 3D hand mesh modeling[J]. IEEE/CVF International Conference on Computer Vision, 2021: 12909-12918.

[10] Boyoon J, Gaurav S S, et al. Real-time motion tracking from a mobile robot[J]. International Journal of Social Robotics, 2009, 2(1): 63-78.

3

明清家具计算机视觉建模技术

3.1
背景需求

文物是人类历史的印记，是社会进步的见证，承载着民族的历史，维系着文化的认同。新时代许多文化都在进行数字化转型。当下，如何让文物活起来，让文化走出去，是文物保护领域一直研究的课题。数字化三维重建是保存、管理文物的一种切实可行的方案，也是目前文物保护与考古学界研究的热点之一[1]，若能实现文物三维重建的技术突破，将大大提升优秀物质文化遗产的效能。

目前，数字博物馆多采用二维影像，例如故宫博物院的数字文物库中包含了文物的图像数据与简单分类，但缺少更为真实生动的文物三维模型，无法直观呈现藏品各个角度的细节，并且缺少对藏品的详细历史人文介绍。也有一些数字博物馆已经实现了文物三维模型展示功能，例如苏州博物馆，但通过实际体验发现，三维模型的纹理并不清晰，浏览模型时卡顿明显，并且缺少对文物文化底蕴的描述。文物的线下展示也存在诸多局限性，例如故宫家具馆以库房的形式开放，游客只能隔着玻璃从单一角度远观，无法近距离欣赏文物精细的纹饰与精巧的结构。文物的三维重建与展示将能很好地解决现存的问题。

此外，数字化技术在精细感知与三维重建之间存在相互脱节的现象，许多重建应用仅关注三维框架的构建而忽视细部特征，未能体现文物的精巧结构与精细特征，这不利于文物保护和传承。目前许多研究致力于改进后端图像处理算法，而前端采集的数据质量会极大地影响后端数据处理效率与重建效果，若能实现前端精细感知的技术突破，重建效率与三维模型精度将得到有效提高。文物数字化感知需要满足无接触、高精度与全覆盖的要求，在效率提升、成本降低、操作便捷上也有很高的要求。为了解决上述问题，本书团队提出了基于多目视觉的小型文物精细感知与三维重建方法，包含精细感知平台系统与高精度视觉测量算法，其中精细感知平台由图像采集模块、同步控制模块组成，以此开展文物数字化研究。

3.2

精细感知与三维重建系统介绍

3.2.1 概述

　　基于多目视觉的精细感知与三维重建系统由图像采集模块、同步控制模块与参数自动计算程序构成，实现了软硬件紧密耦合的功能。软件自动计算硬件设备参数，硬件实现同步自动数据采集。本系统设计中首次提出了利用像片重叠度计算硬件参数的算法，在像片重叠度与三维重建效率之间获得最优值，输入成像传感器参数和目标物尺寸，自动计算成像传感器布设需要的距离和角度数据。硬件方面，系统采用云台和标准化接口，实现对工业相机、手机、单反相机等不同设备的兼容。为实现装置位姿调节的自动化，融合核心算法设计计算程序；为实现高精度数据采集，三个成像传感器采用竖直线性阵列的布设方式，光源与镜头同向，避免三维模型中出现阴影，并在灯罩上贴附含有紫外线吸收剂的薄膜以免损伤文物。本系统图像采集高效、采集过程可控、三维重建精度高、可依据需求自主定制，还具有操作便捷、通用和经济等优点，适合文物数字化等领域。另外，利用图像三维重建等计算机视觉方法，将系统采集到的系列图片进行处理，最终输出高精度三维模型，可供人们全方位细致欣赏，供文博人员进行文物修复和保护。

3.2.2 硬件设计

3.2.2.1 图像采集模块

　　图像采集模块的功能是采集三维重建所需的目标物形状、尺寸、纹理等信息，设计中需要重点考虑采集过程的高效性和便捷性。

　　从几何角度分析，目标物的外观轮廓和尺寸规格不尽相同，基于摄影场景的配置要求，考虑图像采集过程中需要设置拍摄距离、拍摄角度等参数，本模块以目标物的近似外接球半径为设计尺寸，面向被观测球状区域进行模块设计。因此，成像传感器的空间位置需在一定范围内具有连续可调性，以适应不同目标物的尺寸要求。

从成像角度分析，本系统的最终目的是输出目标物的精确三维模型。为实现目标物轮廓、纹理、颜色等特征的高精度复现，本模块利用多目视觉技术和摄影测量算法，成像传感器采用竖直线性阵列的观测方案，在竖直方向线性布设三个成像传感器，从而在保证全覆盖目标物的同时使用设备数量最少，有效地缩减系统尺寸，降低成本，便于完成快速移动与布设。

视觉技术中光照强度对感知精细程度非常重要，而影像亮度的一致性能够提升图像匹配效果。本模块布设可调节光照装置于成像传感器正上方并与之同向，确保系列影像亮度稳定一致，避免像片中目标物出现阴影。光源经对比后选用在博物馆文物照明中得到广泛应用的 LED 灯，具有低紫外线强度与低发热的优点。补光灯上安装柔光罩以减弱散射光源发出的强光，在灯具外加装防紫外线特种玻璃，并使用有机材料的紫外线吸收剂制成薄膜，贴于灯管表面，以免对文物等目标物造成破坏。

三脚架是近景摄影测量中常用的支撑架，通过调节摇杆、脚管等将相机定位至合适的拍摄位置，主要作用是提高成像传感器的稳定性，因此，本模块以三脚架为主体机械框架布设成像传感器。

为适应不同尺寸规模目标物的观测要求，需调整成像传感器与目标物的间距和观测角。常见驱动部件的输出为传动和力矩，为实现成像传感器与目标物间距可调，需要传动部件将回转运动转换为移动运动。根据能量转换形式的不同，驱动部件可以分为电动式、液压式和气动式。电动式驱动部件的优点是能实现定位伺服，响应速度快，容易编程控制；缺点是过载能力差，特别是出现故障后意外停止时会因过热而烧毁绕组。液压式驱动部件的优点是输出功率大，响应速度快，动作平稳；缺点是设备尺寸较大，液压油路零部件多，液压油清洁度要求严格，容易产生泄漏污染。气动式驱动部件的优点是气源成本低，无泄漏污染，操作较为容易；缺点是输出功率较小，动作平稳度差，工作噪声大，难以伺服。[2]考虑本系统要求整体尺寸小、控制性能优良、便于安装、操作便捷等，同时所带负载较小，因此选择电动式驱动部件。电动机的输出特点通常为高转速、小转矩，因此需要经过齿轮系减速后驱动负载。常见的可以将回转运动转换为移动运动的传动机构有丝杠螺母、齿轮齿条、链轮链条、缆绳绳轮、凸轮机构等。丝杠螺母机构根据运动形式不同可分为滑动摩擦式和滚珠摩擦式，滑动丝杠螺母机构的优点是结构简单，制造成本低，具有自锁功能，缺点是摩擦阻力大，传动效率低；滚珠丝杠螺母机构的优点是轴向刚度大，运动平稳，传动效率高，传动精度高，缺点是制造成本高，不能自锁，根据工作要求需要设计制动措施[2]。齿轮齿条机构的优点是行程长，传动刚度大，传动精度高，缺点是对装配精度要求较高，装配误差较大时会引起很大噪声。与摩擦型的带传动相比，链传动的优点是能保证较准确的平均传动比，所需张紧力小，作用于轴和轴承上的径向压力小，可以在高温、潮湿等恶劣环境下工作，与齿轮传动相比，制造与安装精度要求较低，缺点是运转时不能保持恒定的瞬时传动比，运转时有冲击、噪声[3]。绳传动的优点是结构简单，传动平稳，无冲击、振动，缺点是传动精度低。凸轮机构的优点是只要设计出适当的凸轮轮廓曲线，就可以使推杆实现各种预期的运动规律，而且响应快速，机构简单紧凑，缺点是凸轮轮廓线与推杆间为点、线接触，易磨损，凸轮制造较困难[4]。考虑提高间距调节精度，要求工作过程平稳无噪声，降低系统成本，传动部件选择丝杠螺母机构。

　　电动推杆是一种直线运动机构，由电动机、减速器、丝杠、螺母、导套、推杆、行程开关等组成，体积小，精度高，其驱动部件和传动部件具有上述优点，易于实现微机控制，可以点动控制推杆的伸缩运动，因此适合用于成像传感器和目标物的间距调节。球形云台作为成像传感器常用的定位支承装置，主要运动约束形式为球铰，在空间中有三个自由度，可以调整成像传感器的空间角度以达到最佳拍摄位姿，定位后再通过螺旋压紧机构实现可靠夹紧，适用于调整成像传感器相对目标物的观测角。

球形云台、工业相机、快装板等摄影设备配有 1/4 或 3/8 螺纹的标准化机械接口，可以直接连接或经尺寸转换螺丝连接。考虑不同部件外形轮廓和安装孔位各异，以及位姿调整操作空间的要求，必要时选择在不同部件间加装碳纤维连接板，利用外螺纹和锁紧螺母紧固，从而提高与成像传感器的适配性。球形云台与电动推杆、电动推杆与三脚架之间的机械连接，另选蟹钳夹和可调移动夹紧固。球形云台与蟹钳夹之间为螺纹连接，蟹钳夹夹持推杆伸出端。电动推杆导套与三脚架中轴间用可调移动夹连接，实现交错轴间的紧固。

图像采集模块主要由三脚架、电动推杆和成像传感器组成，通过可调移动夹调整成像传感器的竖直间距，电动推杆控制成像传感器与目标物的间距，确保成像清晰；球形云台调整成像传感器相对目标物的观测角，确保成像范围覆盖整个目标物。成像传感器与电动推杆通过球形云台、蟹钳夹等紧固，电动推杆与三脚架通过可调移动夹紧固。将不同设备经配套螺纹和锁紧螺母装在带通孔的碳纤维连接板上，可以消除不同安装孔位的尺寸限制。球形云台的使用便于安装快装板、双夹板等，从而切换手机、工业相机、单反相机等不同成像传感器完成图像采集工作，实现对不同摄影设备的兼容，满足调整成像传感器位姿的要求，并且最终均能在一定程度上保证三维重建所需的图像精度。

图像采集模块所用驱动部件和连接部件在选型时均以最大负载为原则，球形云台最大承重为 3kg，电动推杆最大推力为 1500N。三脚架脚管的长度和张角经调节后，其展开圆周能够覆盖电动推杆主体及其整个行程，因此可以保证调整准备和图像采集过程中装置的稳定性。

图像采集过程中，将目标物置于电动转台上定轴转动。在计算机视觉技术中，目前较为通用的图像采集方案是目标物静止而成像传感器运动。但是，这种方案不易保证成像传感器与目标物的间距恒定，同时成像传感器会发生抖动，相邻像片的重叠度不易控制相同，影响三维模型的重建效果，此外对场地条件也有一定的要求。为了高效获取高重叠度的全覆盖系列影像，本模块采用可调速电动转台。转台小型轻便，转速容易调节，与其他部分相对独立。将目标物置于转台上，转速在 10～180r/s 之间变化，能够根据数据采集的需求自主调节转速，在预设转速下控制目标物匀速旋转，有利于多视角全方位拍摄有序进行，从而满足高效图像采集的需求。

　　装置的实物图、效果图、结构图与安装不同摄影设备的模型图如下。

(a) 采集模块实物图　　　　　　　　　　　(b) 装置效果图

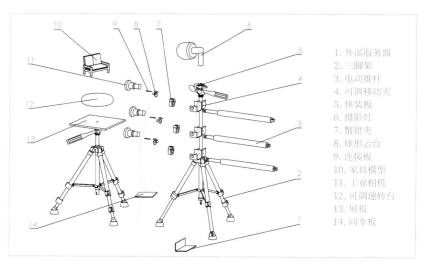

1. 外部服务器
2. 三脚架
3. 电动推杆
4. 可调移动夹
5. 快装板
6. 摄影灯
7. 蟹钳夹
8. 球形云台
9. 连接板
10. 家具模型
11. 工业相机
12. 可调速转台
13. 展板
14. 同步板

(c) 采集模块结构图

手机模型图　　　　　　　　单反相机模型图　　　　　　　　工业相机模型图

(d) 安装不同摄影设备的模型图

3.2.2.2 同步控制模块

感知过程中控制多相机同步触发采集像片能够增强成像质量的稳定性，利于后期处理与三维重建。本系统中采用自主研发的同步控制模块来完成协同观测工作，模块由高分辨率工业相机、可调节触发设备、快门和计算机辅助软件组成。模块核心为高精度时间同步板，通过触发端接收来自计算机的控制信号，由此控制相机通断电以及触发快门的时刻，同时

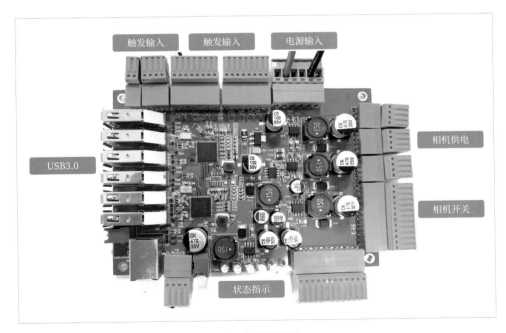

(a) 同步控制板实物图

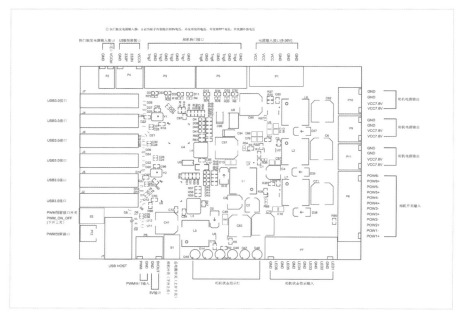

(b) 同步控制板示意图

由指示灯提示相机目前的工作状态，从而实现同步图像采集的高度集成化和自动化。多相机同步时间精度优于 3μs，能够确保相机采样时刻的协调性。高分辨率工业相机采集得到 1920×1200 的高分辨率彩色影像，通过同步控制板与外部服务器进行交互，输出实时感知结果；可调节触发设备使得相机的触发频率可在 1～40Hz 之间调节。高分辨率与高同步精度确保了协同观测设备能够解决多相机的时间同步问题。

3.2.3 软件算法

为了实现参数计算自动化，以适应不同规格文物，缩短人工调试时间，保证时效性，设计核心算法与一体化参数计算程序，利用像片重叠度计算硬件参数。根据转台转速、镜头焦距、像元大小、分辨率、目标物近似最小外接球半径，自动计算相机与目标物水平直线距离、定时拍摄间隔、相机俯仰角等硬件参数。

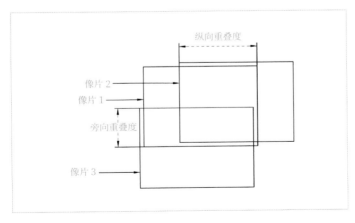

硬件参数自动计算程序

算法流程:

步骤一: 考虑到小型文物体型较小, 且长宽高并不等同, 因此需要预先获知其虚拟外接球近似半径 r (m)、像片纵向重叠度 $P_x\%$ 和旁向重叠度 $P_y\%$, 通常纵向重叠度 $P_x\% \geqslant 60\%$, 旁向重叠度 $P_y\% \geqslant 30\%$。如下图所示, 像片 1 与像片 2 的关系为同一个相机拍摄的相邻两张像片, 纵向重叠度为 $P_x\%$, 像片 1 和像片 3 为同一竖直方向上两个相机拍摄的像片, 旁向重叠度为 $P_y\%$。

像片重叠度示意图

步骤二：获取镜头焦距 f，相机分辨率 X（水平）$\times Y$（竖直），像元大小 u（μm），以计算靶面尺寸 x（mm）（水平）$\times y$（mm）（竖直）。

$$x = X \times u$$

$$y = Y \times u$$

根据靶面尺寸 x（mm）$\times y$（mm），计算出相机水平视场角 fov_x 与垂直视场角 fov_y：

$$fov_x = 2\tan^{-1}\frac{x}{2 \times f}$$

$$fov_y = 2\tan^{-1}\frac{y}{2 \times f}$$

步骤三：如下图所示，三个相机从上至下命名为 A、B、C，与目标物呈上、中、下方位，A 位于目标物上方，B 与目标物处于同一水平面，C 位于目标物下方，B 与目标物的水平

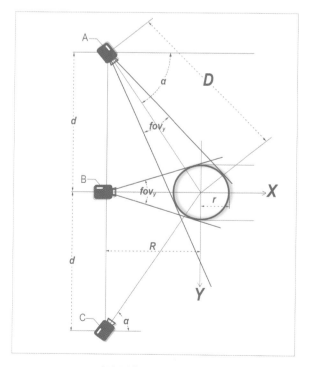

竖直方向相邻像片拍摄示意图

直线距离为 $R(\mathrm{m})$，根据水平视场角 fov_x、垂直视场角 fov_y 与目标物虚拟外接球的半径 $r(\mathrm{m})$，计算出相机 B 与目标物距离 R 的最小值，相机 A、C 与目标物距离 D 的最小值。

$$R_{\min}=r/\sin\frac{fov_x}{2}$$

$$D_{\min}=r/\sin\frac{fov_y}{2}$$

步骤四：根据 R 与 D，计算相机 A 的俯角与相机 C 的仰角 α，计算相邻相机在竖直方向上的距离 d（m）。

$$\alpha=\cos^{-1}(\frac{R}{D})$$

$$d=D\times\sin\alpha$$

步骤五：本方案中，在确保建模可行性的情况下，相机拍摄的像片数量越少，建模效率越高，转盘转动一周为 $n(\mathrm{s})$。如下图所示，水平方向上相邻像片重叠区域夹角为 β，重叠区域对应弧长 p，相机水平视场角范围内对应弧长 l。

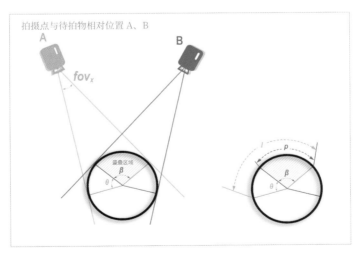

竖直方向相邻像片拍摄示意图

$$\beta = \pi - fov_{\times} - \theta$$

$$p = \beta \times r$$

$$l = (\pi - fov_{\times}) \times r$$

$$\frac{p}{i} \geqslant P_{\times}\%$$

由上式化简计算得到 θ 的最大值。

步骤六：每台相机在目标物转动一周时拍摄 m 张像片，每台相机的拍摄间隔为 t(s)，则

$$m = \frac{2\pi}{\theta}$$

$$t = \frac{n}{m}$$

完成上述步骤后，即可计算出三个相机的具体位置、姿态与定时拍摄间隔。

3.3
明清家具数字化应用

3.3.1 数据采集与三维重建

依托精细感知与三维重建系统，对由非遗工匠手工制作的 100 套明清古典家具袖珍模型进行了非接触高精度建模，实现了小型文物从前端数据采集到后端三维重建、数据库建设的一体化研究。

实验过程中，使用 Sony FE 55mm F1.8 ZA 定焦镜头与 SonyA9 全画幅机身进行数据采集，影像传感器尺寸为 36mm×24mm。

具体操作步骤如下：

（1）将转台转速、已知相机参数、目标物近似最小外接球半径输入程序中。

（2）程序自动计算相机与目标物水平直线距离、定时拍摄间隔、相机俯仰角等硬件参数，驱动电动推杆，调整球形云台，调节相机至理想拍摄状态，并观察实时成像效果。

（3）启动可调速转台与同步控制板，触发相机拍照动作。

（4）获取目标物系列影像，进行三维重建。

3.3.2 精度评定

为检验三维模型尺寸精度，从 100 套家具模型中随机选 20 套，在实物与建模软件中分别量测模型尺寸，记录实际量测长度 R（mm），模型量测长度 M（mm），计算 $|R\text{-}M|$（mm）作为衡量尺寸精度的指标，计算结果显示，模型尺寸精度均控制在毫米级别，进一步证实了技术的可行性。

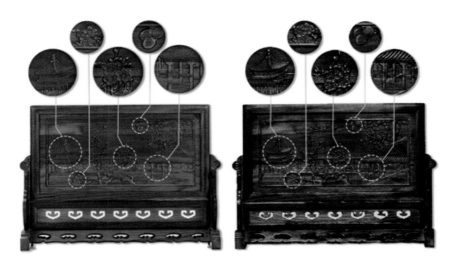

家具纹理对比图

家具模型精度表

精良指标	最大差值	最小差值	平均差值	差值中误差
绝对值 /mm	1.50	0	0.68	0.42

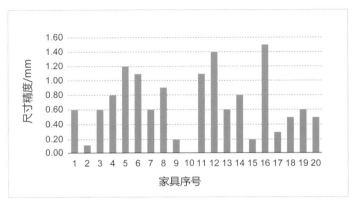

家具实物与模型尺寸精度分析图

　　通过精细感知与三维重建系统采集的像片重叠度大，符合三维建模的需求，建成的模型精度较高。下面一系列组图中，左图为使用本系统建成的明清家具三维模型，右图为家具实物，可以看到家具颜色、纹理清晰，模型逼真，还原度高。

观音龛三维模型

观音龛实物

琴案三维模型

琴案实物

雕花贵妃榻三维模型

雕花贵妃榻实物

雕花宝座三维模型

雕花宝座实物

镂空格屏风三维模型

镂空格屏风实物

3.4
技术分析

3.4.1 创新性和优势

目前市场上常见的文物数字化方案为三维激光扫描，由于三维激光扫描仪的价格高，单台设备价格在 10 万～50 万元不等。该方案成本较高，适用于故宫博物院、上海博物馆这类文物众多、底蕴深厚的大型博物馆，但对于一些经费并不宽裕的私人博物馆或规模较小、急需进行数字化的博物馆，三维激光扫描方案并不适宜，需要低成本、高效率同时高精度的数字化方案进行替代。本书提出的基于多目视觉的精细感知与三维重建方案具有以下创新性和优势。

3.4.1.1 算法创新

利用近景摄影测量原理和计算机视觉技术，解决了珍贵文物无法接近和常规直接测量的问题，可以对实物几何信息进行精准量测与精确匹配。利用像片重叠度计算硬件参数的新颖算法，通过重叠度及其他已知量确定最少像片数，减少数据冗余，实现高效率数据采集，设计一体化参数计算程序，能够自动计算硬件设备参数，从而布设传感器位置姿态，操作简单便捷。

3.4.1.2 装置创新

本书提出了一种利于三维重建的新型光源布设方式，将光源与镜头同方向指向目标物，能够提升像片质量，有利于高精度三维重建。此外还设计了新型视觉测量设备架构，设计同步控制板实现多传感器同步自动获取数据，实现高效率数据采集。以外部服务器实时成像为参考，调整摄影设备布局，尽可能排除现场不稳定因素，提高数据采集质量。

3.4.1.3 效率提升

人工采集图像时存在较多不可控问题，耗时费力、效率低下。精细感知与三维重建系统由计算机控制，能够节省人力资源。完成一件文物的数据采集时间为 60～90s，工作周期远低于三维激光扫描与人工摄影测量方案。由于精细感知技术提升了三维模型的精度，因而能够有效缩短对模型进行后期修复的时间，并且无需人工进行纹理拼贴，易于上手，生产速度快。

3.4.1.4 成本降低

精细感知与三维重建系统采用价格更低并且容易获得的原件进行制作组装，包括可调速电动转台、电动推杆、三脚架等组件，全部成本不超过 1800 元，比三维激光扫描方案成本至少降低 80%。

3.4.1.5 科技与文化结合

利用图像三维重建等计算机视觉技术，实现了对文物的非接触高精度三维重建与信息化精确表达，通过先进技术展现文物风雅，可供人们全方位细致欣赏，供文博人员进行修复与保护，有助于弘扬中国优秀传统文化，兼具社会价值和市场价值。

3.4.2 应用前景

3.4.2.1 文物保护

本书提出的精细感知与三维重建系统能够广泛应用于文物数字化，从研发最初至今共经过4次设计迭代，功能和效果在不断的优化过程中逐步满足设计需求。基于视觉的非接触处理算法能够实现高精度三维重建，保留模型的细节程度，并且降低成本、提升效率，满足文物保护需求。我国地大物博、历史悠久、文物众多，该技术应用市场广阔。该方案同时也可应用于其他小型文物的三维建模。实际应用中，文物最小外接球半径建议不超过0.5m，该范围内三维重建精度较高，能够用于文物造型、结构、线条、纹饰等的研究。

将三维模型与VR、全息技术结合，能够全方位地细致展示藏品，便于文博人员保护与修复文物。在未来通过与博物馆专业人员合作，或聘请陶瓷、建筑、彩绘等其他领域的专业人士，从文物外观、保存完整程度、朝代背景、所采用的制造技术、历史人文内涵等各个方面丰富文物信息，建立和完善翔实丰富的文物三维数字文化档案。

3.4.2.2 设计交互

从本系统构建的数字三维模型中提取优秀设计元素，开发交互式软件，能够为创客提供灵感，同时开放设计资源，从而反哺文化，便于设计师进行再创造与提升，推动文化领域与设计交互的发展。

3.4.2.3 电商平台

本系统可以解决电商平台商品的三维展示问题，增强商品的立体感与真实感，优化顾客网络购物体验。此外，随着"云看房"等服务形式的出现，消费者对"云购家具"的需求也相应增加，三维立体展示和数字化档案有助于消费者足不出户了解家具的设计特色，降低交通和采购成本。

3.4.2.4 日常建模

本系统能够使三维建模走入大众生活，人们能以低成本快速获得高精度三维模型，并通过 3D 打印等方式获得模型实物。未来通过开发手机 App，能够以个人为单位实现从数据采集到三维重建的一体化。

基于多目视觉的精细感知与三维重建技术结合测绘科学、机械自动化、计算机视觉等多学科交叉研究，以文物保护为背景，既解决了文物数字化的现有技术难题，又在提升工作效率的同时降低了成本，具有丰富的实际应用价值。

参考文献

[1] Shi X, Liu T, Han X. Improved Iterative Closest Point(ICP) 3D point cloud registration algorithm based on point cloud filtering and adaptive fireworks for coarse registration[J]. International Journal of Remote Sensing, 2020, 41(8): 3197-3220.

[2] 张建民. 机电一体化系统设计 [M]. 4 版. 北京: 高等教育出版社, 2014.

[3] 濮良贵, 陈国定, 吴立言, 等. 机械设计 [M].10 版. 北京: 高等教育出版社, 2019.

[4] 孙桓, 陈作模, 葛文杰, 等. 机械原理 [M]. 8 版. 北京: 高等教育出版社, 2013.

4

明清家具三维建档技术

4.1
三维建档技术背景需求

改革开放以来，我国博物馆数量增多，质量提升，功能不断完善，游客数量大幅度上升，在文化事业和社会发展中发挥了积极的作用。随着经济的快速发展，我国已进入博物馆建设的高速时期。根据文化和旅游部数据，1996—2017 年中国博物馆规模逐年快速增长，1996 年仅有 1219 个，2010 年增长到 3415 个，到 2019 年，全国博物馆数量达到 5535 个，近 10 年年均复合增长率达 4.95%。

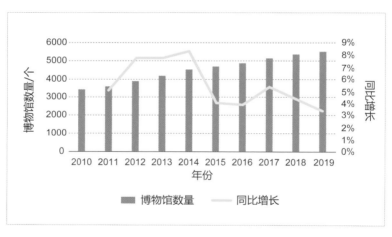

全国博物馆数量及增长情况

随着博物馆数量不断增多，馆藏文物的数量也在不断攀升。文化和旅游部数据显示，2010 年全国博物馆馆藏文物为 1755.25 万件 / 套，2019 年底已经增长至 3955.38 万件 / 套，年均复合增长率为 8.46%。博物馆与文物数量的增多，以及国家鼓励博物馆免费或低价开放的政策，对我国博物馆参观人数的提升起到了极大的推动作用。

随着我国居民收入水平的提高与消费升级，精神文化需求的扩大进一步助推了博物馆

馆藏文物数量及增长情况

业的发展。文化和旅游部数据显示，近 10 年来，我国博物馆参观人数保持着 8% 以上的较高增长速度，2019 年我国博物馆参观人数已经达到了 12.27 亿人次，年均复合增长率达 11.67%。

博物馆参观人数及增长情况

国家出台了相关政策、法律法规支持数字博物馆建设。2017 年 8 月，文化部公布了《文化部"十三五"时期公共数字文化建设规划》，"十三五"时期是基本建成现代公共文化服务体系的冲刺阶段，是落实国家"互联网+"行动计划、大数据战略和推进公共数字文化发展的重要战略机遇期。该规划将中西部贫困地区数字文化设施提档、数字图书馆推广工程服务平台建设、全民艺术普及资源库等九项作为其中的重点项目，山东潍坊、广西梧州、浙江温州、内蒙古呼和浩特等多地相继出台了一系列文物数字化保护项目招标文件。

2020年2月，文化和旅游部推出公共数字资源和支持企业发展政策措施在线服务，集中提供"国图公开课""国家博物馆360虚拟参观""全国博物馆网上展览平台""故宫数字文物库"等一系列在线公共文化服务内容。2020年，受新冠肺炎疫情影响，全国博物馆大多闭馆。疫情期间，全国博物馆系统共推出了2000多个线上展览，总浏览量超过50亿人次，"为明天收藏今天"，展现了文博行业的责任担当。

随着我国经济社会的不断发展，为了满足人民日益增长的文化需求，博物馆也在不断地发展、开拓与创新。数字博物馆及文物数字文化档案的建设已成为博物馆未来发展的趋势。2021年3月，"十四五"规划纲要提出了"构筑美好数字生活新图景"的目标。尽管当下国家与地方都出台了许多政策法规大力扶持博物馆的建设发展，但部分博物馆仍然存在着"酒香巷深无人问津，线上线下难以互联"的状况，亟须依靠品牌推出、文创周边、研学活动等方式吸引游客、增加流量。此外，后疫情时代，人们去国内外博物馆参观受到限制，对文化艺术的需求无法得到满足，对于"云游览"国内外博物馆的需求日益增长。建立三维数字文化档案不仅能够打破欣赏文物的时空限制，方便人们线上参观浏览，还能满足当下人们的文化需求。三维数字文化档案建设成为博物馆可持续发展的大趋势、大潮流。

4.2
明清家具编码体系架构

家具既是日常的生活用具，也是身份和地位的象征，同时也展现着使用者的财力和艺术品位。然而在三维模型中，空间信息以点、线、面等几何要素形式存储在数据文件里[1]，无法体现明清家具的文化层次、纹饰特征与部件结构等其他信息。在前期对故宫博物院、上海博物馆家具馆进行调研，参照馆藏家具以及王世襄著作《明式家具珍赏》[2] 与《明式家具研究》[3]，以此为依据对明清家具类别、纹饰与部件构建编码体系，实施多层次文化管理。

根据使用功能的不同，本书将明清家具分为椅凳类、桌案类、柜橱类、床榻类、屏架类、套件类等。椅凳类包括凳、杌、墩、椅等坐具；桌案类包括几、案、桌等用具；柜橱类包括柜、橱、箱等用具；床榻类包括榻、床等坐卧用具；屏架类包括架阁、架、屏风等用具；套件类是指成套的家具。在关于家具特征的描述上，本书关注家具的纹饰和部件两个方面。纹饰主要包括家具表面具有显著特征的肌理花纹，而部件则涵盖了家具常用的结构部件和装饰部件，如牙子、矮老、椅圈等。在进行分类和整合之后，本书将整个明清家具体系按照类别、名称、部件和纹饰的层次进行了编码分层管理，目的是方便查询、归类和分析。

在家具的类别架构中，第 1 层为家具一级类别：椅凳类、桌案类、柜橱类、床榻类、屏架类、套件类。第 2 层为家具二级类别，例如椅凳类包含凳、杌、墩、椅。第 3 层为家具名称，例如椅类包含小圈椅、雕花宝座等。类别编码以家具"一级类别+二级类别+家具拼音首字母"的方式构建。以雕花宝座编码"A4dhbz"为例，"A"代表其一级类别"椅凳类"，"4"代表其二级类别"椅"，"dhbz"为"雕花宝座"的拼音首字母。

纹饰架构中，第 1 层为纹饰类别：神兽、植物、花纹、神话故事、成语与吉祥语。第 2 层为纹饰名称，例如神兽类包含龙纹，植物类包含莲花。纹饰编码以"WS+ 纹饰类别 +

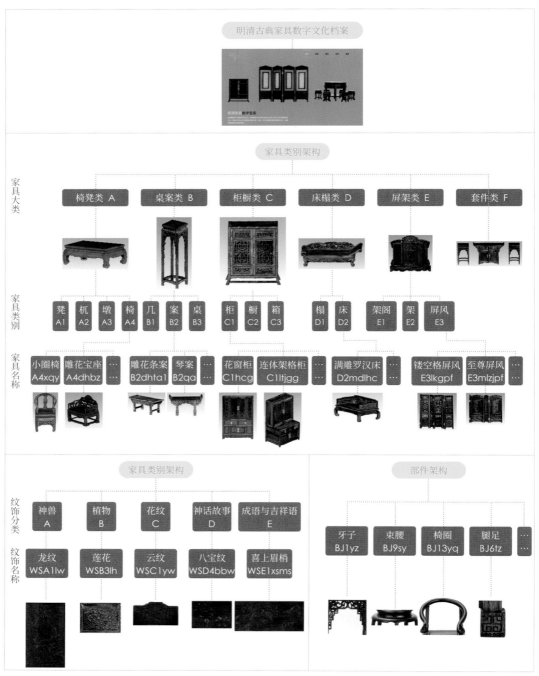

明清家具编码体系架构图

序号 + 纹饰拼音首字母"的方式构建。以龙纹编码"WSA1lw"为例，"A"代表其纹饰类别"神兽"，"1"代表龙纹为神兽类下第 1 种纹饰，"lw"为"龙纹"的拼音首字母。

部件架构直接以名称进行分类，有牙子、束腰、椅圈、腿足等。部件编码以"BJ+ 部件序号 + 部件拼音首字母"的方式构建。以牙子编码"BJ1yz"为例，"1"代表部件序号，"yz"为"牙子"的拼音首字母。

通过家具类别、纹饰、部件编码的链接，可以实现属性表的查询，便于进行元素组合，生成个性化定制家具。

4.3
明清家具属性信息管理

明清家具属性信息管理的优点在于直观化复杂的属性信息，深化三维模型的内涵，优化属性信息的管理[4]。本书将明清家具的属性信息分为四类：家具主体、纹饰子类、部件子类和结构子类。家具主体即家具整体信息和属性，包括家具编码，家具名称，家具图片、家具模型路径、家具一级类别和二级类别，年代，家具规格等，主要意在提供家具整体样式和特征信息，并且按照家具的形制、功能、用途进行分类，以便于检索。纹饰子类主要包括纹饰子类编码、纹饰子类名称、纹饰图片、纹饰一级类别和二级类别等，结合纹饰子类编码和纹饰子类名称可以检索相同类别的纹饰，同时也可以整合纹饰形制、纹饰名称、相同类别纹饰的不同形制等信息，便于信息的高效收集。部件子类包括部件子类编码、部件子类名称、部件图片、工艺部件模型路径等，可以全方位地了解某一部件的制作工艺、形制、分类等，同时也能看到同一部件的不同形制。以牙子为例，本书收录了牙条、坐角牙子、挂角牙子、站角牙子等不同类别，这些都被归类为牙子一类。

明清家具属性信息表

明清家具主体表	纹饰子类表	部件子类表	结构子类表
家具编码	纹饰子类编码	部件子类编码	结构子类编码
家具名称	纹饰子类名称	部件子类名称	结构子类名称
家具图片	纹饰图片	部件图片	结构图片
家具模型路径	纹饰一级类别	部件模型路径	结构工艺
家具一级类别	纹饰二级类别	部件工艺	家具编码
家具二级类别	纹饰工艺	数量	家具名称
年代	家具编码	部件规格	
家具规格	家具名称	部件材质	
数量		家具编码	
应用场景		家具名称	

第 1 类为明清家具主体信息，包含家具的编码、名称、图片、模型路径等。家具编码与家具——对应，也是识别家具的唯一编号，可以通过编号检索特定家具，也可以通过部件、纹饰了解相关家具。

第 2 类为部件子类的属性信息，包含每种部件子类的编码、名称、图片等。每件家具都有其具有特点的描述和图片介绍。

第 3 类为纹饰子类的属性信息，包含每种纹饰子类的编码、名称、图片等。

第 4 类为结构子类的属性信息，包含每种结构子类的编码、名称、图片等。

部件、纹饰、结构子类将通过家具编码与明清家具主体表进行链接，在统一目录中整合家具、部件、纹饰的交叉结构建设、交叉检索桥梁搭建。

4.4
分级索引结构设计

索引结构是建设、组织与管理三维数字文化档案的信息基础，也是本书的核心内容，本书重点提取了家具的纹饰与部件进行整理和分类。因为纹饰和部件是一件家具最具有标识度的子系统。根据前文提出的明清家具分层管理体系与属性信息表，从特定的某件明清家具出发，逐级分层。

以镶花杨大屏风为例，镶花杨大屏风属于屏架类屏风家具，其上纹饰有吉祥图案类云纹、神兽类凤凰、植物类花卉纹，部件特点有浮雕屏心和波浪形牙条。合理设计索引结构有助于全方位了解明清家具，使读者在了解明清家具的同时也能够掌握其设计、构造与历史人文信息，为高精度三维数字文化档案建设提供支撑。

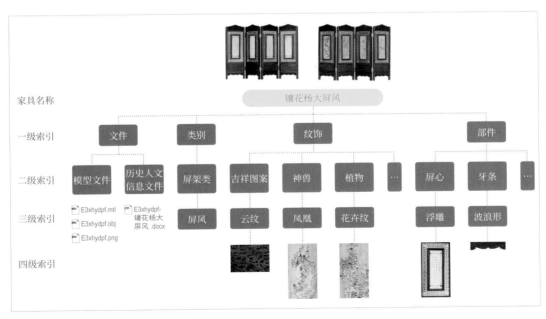

明清家具索引结构示意图

4.5
应用前景

明清家具三维数字文化档案可用于古家具的研究，分析其属性信息，有助于古家具的管理和古家具工艺的传承，其中对家具历史年代的介绍鉴别能够辅助断代。下一步将考虑运用人工智能对家具纹饰和部件进行元素组合，生成个性化定制家具。同时完善技术方案，将应用范围拓展至小型文物，支撑数字博物馆建设，为博物馆三维数字文化档案的建立提供低成本、高效率的解决方案。在后疫情时代，计算机视觉建档技术对博物馆的发展与文物的保护至关重要，能够推动数字博物馆建设，为文物提供一份传世的保障。将历史人文与科学技术相结合，能够展现古代劳动人民手工艺的登峰造极之作，弘扬人类文化艺术瑰宝。

参考文献

[1]　Richter A M, Kuester F, Levy T E , et al. Terrestrial laser scanning (LiDAR) as a means of digital documentation in rescue archaeology: Two examples from the Faynan of Jordan[C]//International Conference on Virtual Systems & Multimedia, IEEE, 2012.

[2]　王世襄 . 明式家具珍赏 [M]. 北京：文物出版社，2003.

[3]　王世襄 . 明式家具研究 [M]. 北京：生活·读书·新知三联书店，2008.

[4]　李敏珍，刘春，周源 . 激光扫描历史建筑精细化重建与部件化管理 [J]. 遥感信息，2015，30(6): 18-23.

5

明清家具数字文化档案

明清家具是中国古代家具的集大成者，是从新石器时代发端的中国家具在造型、装饰、结构、实用性等方面做出了风采各异的海量尝试后的结果。家具是日常生活中常见的物件，可以真实反映一个时代人们的起居方式与文化生活。在种类上，明清家具最为整全，构成了一个庞大的体系。每一种家具又兼有诸多形制和样式，其丰富性不亚于其他任何种类的文物。

根据调研、归纳和整理得到的明清家具样式与属性信息，研究团队请非遗工匠手工打造了一百多套明清家具微缩模型，这些家具模型精巧细致、典雅端庄。依托自主研发的精细感知与三维重建系统，对袖珍模型进行了非接触高精度建模，实现了小型文物从前端数据采集到后端三维重建、数据库建设的一体化研究。通过考察、阅读大量文献资料，对每一套明清家具及其部件纹饰的历史人文信息与结构样式特点进行介绍，让明清家具以更加立体、精细的面貌，走进更多人的视野。

本书后续篇幅为明清家具数字文化档案的图文展示。

明清家具袖珍模型

5.1
家具

5.1.1 椅凳类家具

5.1.1.1 凳

凳子是一种较矮的、没有靠背的坐具，多为木制，由凳面和腿足构成。凳面常有方形、圆形、长方形等。有的凳在凳面与腿足连接处以束腰加以装饰。凳最早可追溯至汉代，其形制源自胡床，又被称为杌。后来凳子逐渐普及，人们开始以杌称呼可以折叠的凳。

5.1.1.2 杌

杌是一种小型坐具，通常没有靠背，也可统称没有靠背的坐具。《集韵》云，"杌，……木短出貌"，即上平可供人休憩的木墩。有一类杌可以折叠，因此便于存放、移动，这种杌被称为交杌。杌的主体常为木制，而杌面则由绳、丝编织而成。

5.1.1.3 墩

墩是一种较矮的坐具，没有靠背，多为圆形。墩常见于室外，供游人休憩，因此其形制多与其使用场景相宜。与常见于室外的石墩不同，室内使用的墩常为木制，装饰也更加丰富。

【凳】

A1cfwjt- 长方弯脚台

长方弯脚台三维模型图

长方弯脚台实物图

A1zfwjt- 正方弯脚台

正方弯脚台实物图

A1cfwjt-BJ15mtz 马蹄足

【墩】

A3ygd- 圆鼓凳

圆鼓凳实物图

圆鼓凳三维模型图

A3ygd-BJ9sy 束腰

A3ygd-BJ5tn 托泥与龟足

5.1.1.4 椅

椅是一种有靠背且较高的坐具，还带有扶手，其历史可以追溯至唐代，两宋时期其形制基本成熟，并发展出了不同造型、不同用途的多种式样，如交椅、禅椅等。椅是明清时期十分常见的家具。

【椅】

A4bz-宝座

宝座实物图

A4bz-BJ15mtz 马蹄足

A4bz-BJ24fs 扶手

A4bz-BJ23tz 托子

A4bz-BJ5tn 托泥

A4bz-WS31yw 云纹

宝座本为古代王侯专用，常被放置于厅堂乃至宫殿正中，并与屏风、几案搭配，象征权威，气势宏大。宝座用料一般十分珍贵，雕工精良。

A4dhbz- 雕花宝座

雕花宝座实物图

A4dhbz-WS33ryw 如意纹

A4dhbz-BJ15mtz 马蹄足　　A4dhbz-WS32hw 回纹

雕花宝座三维模型图

A4dhbz-BJ5tz 托子

A4dhbz-BJ5tn 托泥

【椅】

A4lfbz- 龙凤宝座

A4lfbz-BJ15tz 腿足　　　A4lfbz-BJ24fs 扶手　　　A4lfbz-BJ5tz 托子

龙凤宝座实物图

A4lfbz-BJ5tn 托泥

A4lfbz-WS11lw 龙纹

A4cgy- 春宫椅

A4cgy-BJ25tz 头枕

A4cgy-BJ24fs 扶手

春宫椅实物图

春宫椅为行周公之礼用。

A4cgy-WS34jhw 几何纹

A4xgmy- 小官帽椅

A4xgmy-BJ14dn 搭脑

A4xgmy-BJ15mtz 马蹄足

小官帽椅实物图

宫帽椅流行于明代，因其搭脑形似古代官员所戴的帽子而得名。常常带有扶手，椅背镂空，中间有一块用于倚靠的背板，造型朴素而不失威仪。

A4xgmy-WS26jcw 卷草纹

A4xgmy-BJ26kbb 靠背板

A4xqy- 小圈椅

小圈椅实物图

小圈椅三维模型图

A4xqy-BJ26kbb 靠背板

A4xqy-BJ13yq 椅圈

A4xqy-WS26jcw 透雕卷草纹

圈椅是一种流行于明代的扶手椅，其椅背呈圆润的弧形，又被称为"罗圈椅"。其主要特征是：搭脑和扶手连为一体且呈斜向下的弧形，兼顾了美观和实用性。

5.1.2 桌案类家具

5.1.2.1 几

几是一种较矮、有足的短桌，用于放置物品。《说文解字》云："几，踞几也，象形。"几由几面和腿足构成，多为木制，可以用于凭靠，也常常用来摆放物品。几的历史悠久，原本用于宴饮等正式场合上放置物品，后来变成一种日常家具。明清时期，随着桌椅等高型家具的兴起，供人凭靠的凭几逐渐式微，取而代之的是用于置物的花几、香几等。

【几】

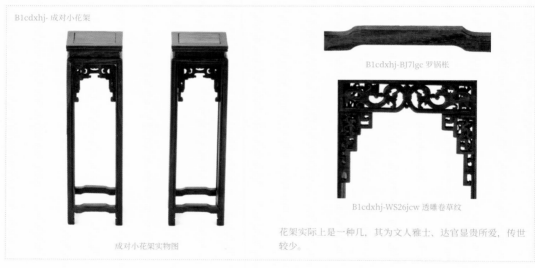

B1cdxhj- 成对小花架

成对小花架实物图

B1cdxhj-BJ7lgc 罗锅枨

B1cdxhj-WS26jcw 透雕卷草纹

花架实际上是一种几，其为文人雅士、达官显贵所爱，传世较少。

B1cj- 茶几

茶几实物图

B1cj-BJ23tz 托子

B1cj-BJ5tn 托泥

茶几是明清时期最为流行的家具之一，一般置于客厅中，与椅配套使用。

B1sjj- 书卷几

书卷几实物图

书卷几形制与炕几类似。

5.1.2.2 案

案是一种较宽的用于放置物品的家具，相比于几更高。案多为木制，历史悠久，在桌椅流行之前是最常见的家具之一。

【案】

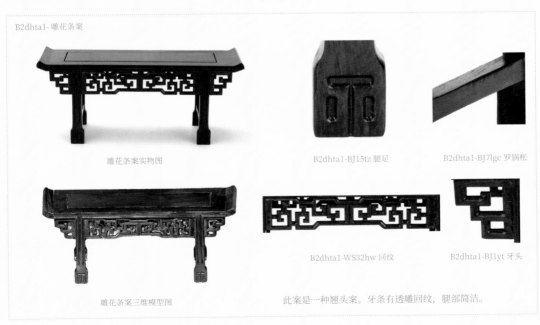

B2dhta1- 雕花条案

雕花条案实物图

B2dhta1-BJ15tz 腿足

B2dhta1-BJ7lgc 罗锅枨

B2dhta1-WS32hw 回纹

B2dhta1-BJ1yt 牙头

雕花条案三维模型图

此案是一种翘头案。牙条有透雕回纹，腿部简洁。

【案】

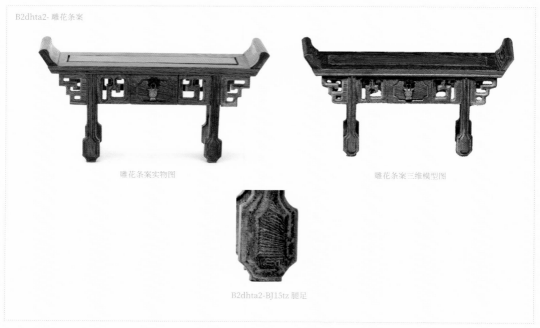

B2dhta2- 雕花条案

雕花条案实物图　　　　　　　　　　雕花条案三维模型图

B2dhta2-BJ15tz 腿足

B2dhta- 大号条案

B2dhta-BJ1yt 牙头

大号条案实物图

B2dhta-WS26jcw 卷草纹

B2gfta- 古风条案

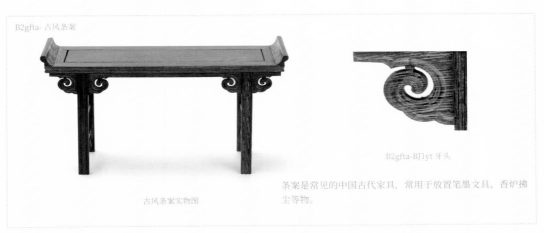

B2gfta-BJ1yt 牙头

古风条案实物图

条案是常见的中国古代家具，常用于放置笔墨文具、香炉拂尘等物。

B2qa1- 琴案

琴案实物图

B2qa1-BJ1yz 牙子

B2qa1-WS31xyw 透雕祥云纹

此案较为修长，用于奏琴。

B2qa- 琴案

琴案实物图

B2qa-BJ15tz 腿足

B2qa-BJ1yt 牙头

琴案三维模型图

【案】

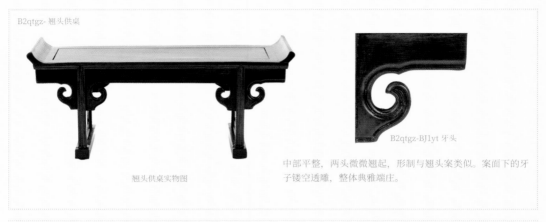

B2qtgz- 翘头供桌

翘头供桌实物图

B2qtgz-BJ1yt 牙头

中部平整，两头微微翘起，形制与翘头案类似。案面下的牙子镂空透雕，整体典雅端庄。

B2zhstgz- 中号神台供桌

中号神台供桌实物图

B2zhstgz-BJ1yt 牙头

B2zhstgz-BJ15tz 蚂蚱腿

5.1.2.3 桌

桌是一种较高的承具，多为方形或圆形，以木制为主，也有石质的。早在汉代就已有较矮的石桌，用于在炕、席上摆放餐具。后来桌的高度不断增加，与椅搭配成为明清时期最常见的家具组合之一。

【桌】

B3fz- 方桌

方桌实物图

B3fz-BJ15mtz 马蹄足

B3fz-WS31yw 透雕云纹

小型方桌、桌面与桌腿之间有牙条。

B3sz- 书桌

书桌实物图

B3sz-BJ27gm 柜门

桌面平整，便于摆放物品。桌面下设置三个小屉，左右两侧
各有一柜。底部有搁板，用于收纳大型物品或搭脚。

书桌三维模型图

5.1.3 柜橱类家具

5.1.3.1 柜

柜是一种高大的储物家具，用于存放大型物品。《说文解字》云："匮，匣也。从匚，贵声。俗作柜。"可见柜的本意是一种用于收纳物品的箱子。明清时期的柜大多较为高大，用料考究，装饰繁复。

【柜】

C1csk- 财神龛

财神龛实物图

有束腰，龛帽雕花。

C1csk-BJ27gm 柜门

C1csk-WS31xyw 祥云纹

C1csk-WS33ryw 如意纹

C1dxdg- 顶箱大柜

C1dxdg-WS5nnyy 年年有余浮雕

C1dxdg-BJ27gm 柜门　C1dxdg-WS5jx 吉祥图案

C1dxdg-WS32hw 回纹浮雕

顶箱大柜实物图

C1gyk- 观音龛

C1gyk-WS5gy 观音浮雕

观音龛实物图　　　　观音龛三维模型图　　C1gyk-BJ27gm 柜门　C1gyk-WS2lkdh 镂空雕花

C1gyk-WS26jcw 卷草纹

有柜帽，底部有托泥。

【柜】

C1hcg- 花窗柜

花窗柜实物图

花窗柜三维模型图

C1hcg-WS34lkjhw
镂空几何纹

C1hcg-BJ27gm 柜门

正面主体柜门为透雕，中部拼接了两扇抽屉，底部则为小柜，
形制较新。把手处皆为铜制，比较厚重端庄。

C1ltjgg- 连体架格柜

连体架格柜实物图

连体架格柜三维模型图

C1ltjgg-BJ27gm 柜门

C1ltjgg-WS34jhw 几何纹

上部为柜，几何纹透雕的柜门之下有隔板分
隔空间。下部有二门二斗，用于储物。

C1scg- 三抽柜

三抽柜实物图

C1scg-BJ27gm 柜门

此柜较矮。上部三斗，便于存放物品。中间留出空间做成两格。底部有二门，用于存放较大物品。牙板为弧形，离地较高。

C1sg- 书柜

书柜实物图

书柜三维模型图

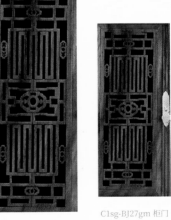

C1sg-BJ27gm 柜门

C1sg-WS34jhw 几何纹

正面主体柜门为透雕，底部则拼接了两扇抽屉，形制较新。
把手处皆为铜制，比较厚重端庄。

【柜】

C1zjg- 竹节柜

竹节柜实物图

竹节柜三维模型图

这个竹节柜采用了圆角柜所用的木轴门，而不是方角柜所用的合页。但此柜却没有明显的柜帽，且没有呈现出圆角柜常用的上窄下宽的式样，而腿足向外撇，又有圆角柜的特征。因此这个柜应是圆角柜的变体。其设计很巧妙：因使用竹节雕刻，因此勉强算为圆材；没有凸出的柜帽是因为其正好将凸出的门轴隐藏在两片竹节的交合之处，实凸出却显出方形。

花纹及结构采用中国传统的竹子式样作为主体造型结构，满足了新颖设计的同时具有祥瑞之意。内设一对抽屉，强化了实用性，加强了空间的可利用性。

C1zjg-BJ27gm 柜门

C1zjg-WS34jhw 几何纹

C1zjg-WS26jcw 卷草纹

C1zjg-WS11lw 龙纹透雕

C1zjg-BJ7hc 横枨

5.1.3.2 橱

橱是一种前开门的收藏家具，比箱、柜要大。橱的形式十分丰富，有些橱有抽屉和隔板，有些与柜相结合，称为"柜橱"；有些兼具桌案的功能，可供凭靠。

【橱】

C2jgc- 架格橱

架格橱实物图

架格橱三维模型图

C2jgc-BJ27gm 柜门

C2jgc-BJ22gb 搁板

C2jgc-BJ1yz 牙子

此家具名为架格橱，实际上更接近亮格柜。上部分为搁板相接而成的架格，用于物品摆放。下部有二门二斗，用于储物。牙板呈弧形，具有美感。

C2qtlsc- 翘头联三橱

翘头联三橱实物图

C2qtlsc-BJ8tsj 铜饰件

C2qtlsc-WS11lw 龙纹

C2qtlsc-WS26jcw 浮雕卷草纹

C2qtlsc-BJ1jy 角牙

此橱有抽屉和闷仓，正面浮雕二龙戏珠。橱面边缘翘起，与橱身站牙相连。屉板饰有铜饰件和雕花。

【橱】

C2sdemc- 三斗二门橱

三斗二门橱实物图

C2sdemc-BJ27gm 柜门   C2sdemc-BJ1jy 角牙

此橱正面二门，上有三斗。翘头下有满雕镂空纹饰挂牙。橱面两头翘起，底部有弧形牙条。

三斗二门橱三维模型图

C2xc- 小橱

C2xc-BJ27gm 柜门   C2xc-BJ23tz 托子

此橱造型独特，并未采用传统的正面双开门形式，而是将中间的双开门立柜分隔至两侧，将三个抽屉放置中间。有束腰、托泥和龟足。

小橱实物图

5.1.3.3 箱

箱的最早含义与车有关，《说文解字》云"大车牝服也"，即车顶的一种装饰，后世的箱专指箱子。箱与其他收纳家具相比更小，使用更加灵活，也因此用途更广。箱按照功能可分为药箱、书箱、百宝箱和衣箱等。

【箱】

C3qcssh-七抽首饰盒

七抽首饰盒实物图

七抽首饰盒三维模型图

C2qcssh-BJ30ts 提手

这个首饰盒有七抽，对空间进行了精细的划分，更加方便对不同首饰的分类收纳。顶部有铜制提手，每抽以铜制拉手作为装饰，顶部的四个角有铜制装饰，上有雕花，既对首饰盒起到了保护作用，同时具有一定的审美意趣。

C3th-提盒

提盒实物图

C3th-BJ1zy 站牙

C3th-WS5jxta 吉祥图案

5.1.4 床榻类家具

5.1.4.1 榻

榻是一种较窄的坐卧具，早期以石制较为常见，后多为木制。有供单人坐、卧的榻，称为"独睡"；也有两人合用的，称为"合榻"。

【榻】

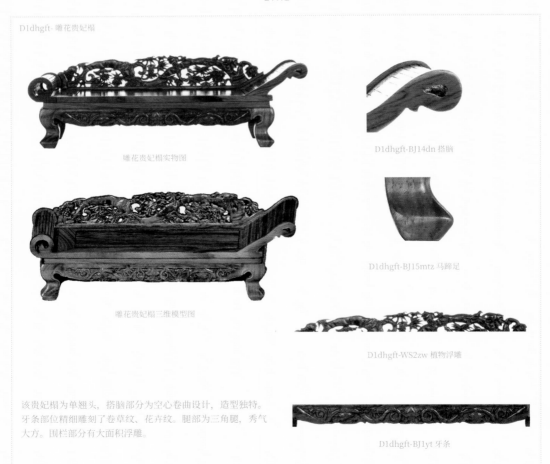

D1dhgft- 雕花贵妃榻

雕花贵妃榻实物图

雕花贵妃榻三维模型图

D1dhgft-BJ14dn 搭脑

D1dhgft-BJ15mtz 马蹄足

D1dhgft-WS2zw 植物浮雕

该贵妃榻为单翘头，搭脑部分为空心卷曲设计，造型独特。牙条部位精细雕刻了卷草纹、花卉纹。腿部为三角腿，秀气大方。围栏部分有大面积浮雕。

D1dhgft-BJ1yt 牙条

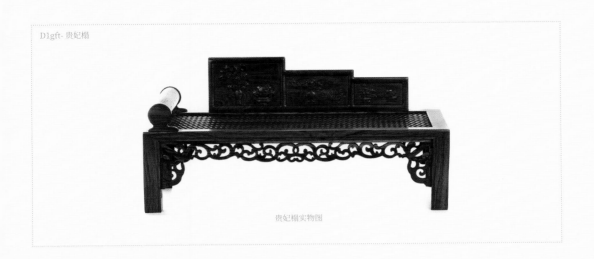

D1gft- 贵妃榻

贵妃榻实物图

5.1.4.2 床

床是一种较大的睡具，多为木制。床历史悠久，早在春秋时期就已经有了真正意义上的床。明清时期床的应用十分广泛，同时也出现了罗汉床、架子床等多种不同形制的床。

【床】

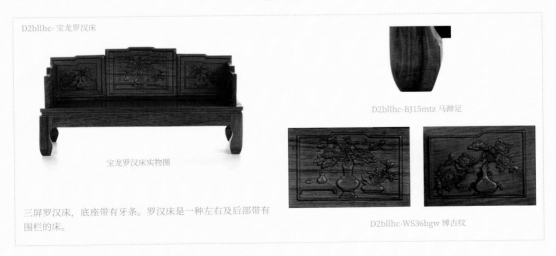

D2bllhc- 宝龙罗汉床

宝龙罗汉床实物图

三屏罗汉床，底座带有牙条。罗汉床是一种左右及后部带有围栏的床。

D2bllhc-BJ15mtz 马蹄足

D2bllhc-WS36bgw 博古纹

【床】

D2fdqplhc 浮雕七屏罗汉床

浮雕七屏罗汉床实物图

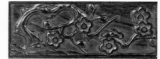

D2fdqplhc-WS2hh 花卉浮雕

D2fdqplhc-WS2xz 秀竹浮雕

D2fdqplhc-WS2hh 花卉浮雕

D2fdqplhc-WS31xyw 祥云纹

D2fdqplhc-WS1sh 松鹤浮雕　　　D2fdqplhc-WS1hn 花鸟浮雕

D2lzjzc- 六柱架子床

六柱架子床实物图

架子床是一种有顶的床。牙板有镂空几何纹。

D2lzjzc-BJ15mtz 马蹄足

D2lzjzc-WS34jhw 透雕几何纹

D2lzjzc-WS33ryw 如意纹

D2mdlhc- 满雕罗汉床

D2mdlhc-BJ15tz 腿足

满雕罗汉床实物图

D2mdlhc-WS11elxz 二龙戏珠浮雕

满雕罗汉床三维模型图

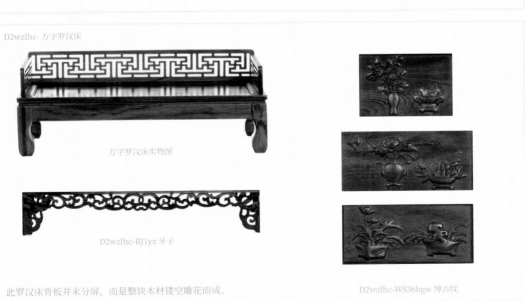

D2wzlhc- 万字罗汉床

万字罗汉床实物图

D2wzlhc-BJ1yz 牙子

此罗汉床背板并未分屏，而是整块木材镂空雕花而成。

D2wzlhc-WS36bgw 博古纹

【床】

D2xhylhc- 镶黄杨罗汉床

镶黄杨罗汉床实物图

D2xhylhc-BJ15mtz 马蹄足

D2xhylhc-WS5jxhh 吉祥绘画

木质背板雕刻有花鸟纹饰，寓意吉祥。

D2ylmjzc- 月亮门架子床

· 月亮门架子床实物图

D2ylmjzc-BJ15mtz 马蹄足

D2ylmjzc-BJ10mz 门罩

架子床，带有门罩，设计精巧。

5.1.5 屏架类家具

5.1.5.1 架格

架格是一种简单的置物用具，造型简洁大方。架格四周中空，使得物品的取放十分方便，也因此可以用于摆放、陈列。明清时期架格多种多样，有错落布置、带有抽屉的多宝阁，也有趣味雅致的高低连台。

【架格】

E1dbg1- 多宝阁

E1dbg1-BJ15tz 腿足

E1dbg1-BJ28wl 围栏

多宝阁实物图

E1dbg2- 多宝阁

多宝阁三维模型图

E1dbg2-BJ15mtz 马蹄足

多宝阁实物图

E1dbg2-WS34jhw 几何纹

E1dbg2-BJ27gm 柜门

E1dbg2-BJ28wl 围栏

【架格】

E1dbg- 多宝阁

多宝阁实物图

E1dbg-BJ27gm 柜门　　E1dbg-WS36bgw 博古纹　　E1dbg-BJ8tsj 铜饰件

E1dbg-BJ22gb 搁板

E1dbj1- 多宝架

多宝架实物图

E1dbj1-BJ5tz 托子

此多宝架造型独特，由三个几相连构成，连接部分呈花草样式。有束腰，带托泥和龟足。

E1dbj- 多宝架

多宝架实物图

E1dbj-BJ1yt 牙条

E1dbj-BJ27gm 柜门　　E1dbj-BJ22gb 搁板

此多宝架以架为主，右下有小柜，其上有一搁板分隔空间。造型简洁。

E1dhgdlt- 雕花高低连台

雕花高低连台实物图

E1dhgdlt-BJ1yt 牙头

E1edemjg- 二斗二门架格

二斗二门架格实物图

二斗二门架格三维模型图

E1edemjg-WS33ryw 如意纹

E1edemjg-BJ28wl 围栏

E1edemjg-WS26jcw 卷草纹

此格有二斗二门，上部还有两层架。底部有牙条，抽屉、柜门皆饰以铜部件。

E1gdg- 高低柜

高低柜实物图

E1gdg-BJ23tz 托子

E1gdg-BJ27gm 柜门

E1gdg-BJ28wl 围栏

此家具名为高低柜，实际上更接近多宝阁。由三部分组成，左侧在架格下带有一个小柜，中间部分带有两个抽屉，四周有围子，造型独特别致。

【架格】

E1scedjg- 三层二斗架格

E1scedjg-BJ28wl 围栏

E1scedjg-BJ8tsj 铜饰件

后有方格镂空围栏，防止物品坠落。上部有二斗，便于储物。底部牙板为弧形。

三层二斗架格实物图

5.1.5.2 架

架是一种用于承载物品的器具，与架格相比，收纳功能较弱。架的形制根据具体的用途有所不同。

【架】

E2jt- 镜台

E2jt-BJ8tsj 铜饰件

五屏镜台，屏板镂空雕花，雍容典雅。

镜台实物图

5.1.5.3 屏风

屏风是一种隔断家具，主要由屏心和屏风两部分构成，用于分隔室内空间。常见的屏风有座屏、挂屏等。屏心题材多样，有吉祥纹饰、风景花鸟、书法作品等。

【屏风】

E3flscp- 福禄寿插屏

福禄寿插屏实物图

福禄寿插屏三维模型图

E3flscp-BJ5tn 托泥

E3flscp -WS5fls 福禄寿浮雕

E3flscp -BJ31px 屏心

E3flscp-BJ21zb 栅板

背面雕有"寿"字，象征长寿。

【屏风】

E3jllpf- 九龙龙屏风

九龙龙屏风实物图

九龙龙屏风三维模型图

E3jllpf-BJ1zy 站牙

E3jllpf-BJ20qj 琴脚

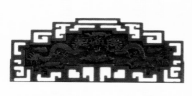

E3jllpf-WS11mdylw 满雕云龙纹

E3jllpf-WS11lw 龙纹浮雕

该屏风为三扇的座屏。因整体共雕有九条龙而得名九龙龙屏风。屏首中间雕有二龙戏珠，并饰以祥云，两侧各有一龙相拱。底座雕回纹。屏主体雕有五龙及祥云。

龙是中国古代具有代表性的瑞兽，寓意智慧、权威、风调雨顺。古代帝王以真龙天子自居，而对于龙纹的使用有极其严格的规定，因此带有龙纹的家具多为皇家专用。

E3kzpf- 孔子屏风

孔子屏风实物图

此曲屏有隔扇六折，屏框及绦环板上透雕回纹。中间四扇屏心为实心木板，上刻有孔子话语，两侧屏心不同，由横竖材攒接的棂格式以及两块小型透雕木块构成，透雕为瓶状。底部安装有波浪形牙板，直腿方足，庄严规整。

E3lkgpf- 镂空格屏风

镂空格屏风实物图

镂空格屏风实物图

E3lkgpf-WS34wzw 万字纹透雕　　E3lkgpf-WS34wgtd 网格透雕

此曲屏有隔扇六折，屏框透雕回纹。绦环板上透雕花卉、灵芝纹。中间四扇屏心为透雕几何纹饰。两侧屏心不同，由横竖材攒接的棂格式以及两块小型透雕木块构成，透雕为瓶状。底部安装有波浪形牙板，直腿方足，庄严规整。

【屏风】

E3mlzjpf- 梅兰竹菊屏风

梅兰竹菊屏风三维模型图

E3mlzjpf-WS36bgw 博古纹

梅兰竹菊屏风实物图

此曲屏有隔扇六折，屏框透雕回纹。绦环板上透雕花卉、灵芝纹。中间四扇屏心为实心木板，一面雕刻有梅兰竹菊四君子纹饰，清幽高洁；另一面刻有对应箴言。两侧屏心不同，由横竖材攒接的棂格式以及两块小型透雕木块构成，透雕为瓶状。

E3shcp- 松鹤插屏

E3shcp-WS5sh 松鹤浮雕

E3shcp-WS5fz 福字浮雕

E3shcp-BJ18twb 绦纹板

E3shcp-BJ1zy 站牙

松鹤插屏实物图

此屏风为座屏，屏心一侧为松鹤浮雕，另一侧为"福"字图案，屏心有站牙抵夹。底座两侧安装立柱，屏框便与底座连为一体。下部有透雕牙子。底座留出亮脚。

E3ttlgcp- 亭台楼阁插屏

亭台楼阁插屏实物图　　　　　　　　　　　　　　　　亭台楼阁插屏三维模型图

E3ttlgcp-WS5ttlg 亭台楼阁浮雕　　　　E3ttlgcp-WS5fz 福字浮雕　　　　E3ttlgcp-BJ1zy 站牙

E3ttlgcp-BJ18twb 绦纹板

E3twpf- 条纹屏风

E3twpf-WS34wgtd 网格透雕

E3twpf-BJ31px 屏心

条纹屏风实物图

此曲屏有隔扇六折，屏框透雕回纹。绦环板上透雕花卉、灵芝纹。中间四扇屏心以横竖材攒接的榤格式，镂空间隙较小，造型紧实。两侧屏心不同，由横竖材攒接的榤格式以及两块小型透雕木块构成，透雕为瓶状。底部安装有波浪形牙板，直腿方足，庄严规整。

【屏风】

E3wglkpf- 网格镂空屏风

网格镂空屏风实物图

E3wglkpf-WS1lw 透雕龙纹

E3wglkpf-WS36bgw
博古纹

E3wglkpf-WS34jhw
几何纹浮雕

整体为网格镂空制式，共六屏。其中左右两扇稍有变化，透雕花卉。下部雕有模糊的龙纹。

E3xhydpf- 镶黄杨大屏风

镶黄杨大屏风实物图

E3xhydpf-BJ31px 屏心

E3xhydpf-WS26jcw 卷草纹

此曲屏有隔扇四折，折数较少，但每一折形制较大较宽。屏框上浮雕卷草纹，且有屏帽。绦环板上雕有花卉纹、卷草纹、灵芝纹。四扇屏心主体为实心黄杨木板，外侧有花卉纹镂空黄杨木包裹，一面绘有花鸟图案，清幽高洁；另一面刻有对应箴言。

E3xqcp- 喜鹊插屏

E3xqcp-BJ18thb 绦环板

E3xqcp-BJ1yz 牙子

喜鹊插屏实物图

E3xqcp-WS1xq 喜鹊浮雕

E3xqcp-WS5wz 文字浮雕

E3xqcp-BJ1zy 站牙

下部有透雕牙子。底座留出亮脚。

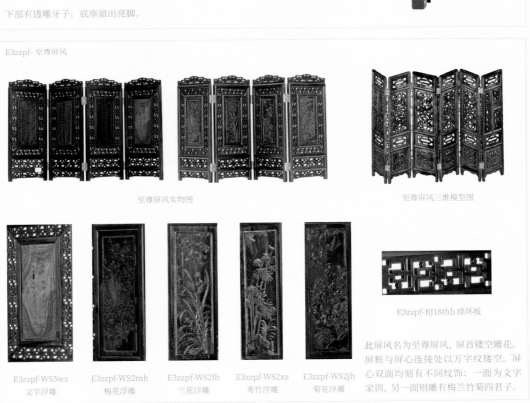

E3zzpf- 至尊屏风

至尊屏风实物图

至尊屏风三维模型图

E3zzpf-BJ18thb 绦环板

E3zzpf-WS5wz
文字浮雕

E3zzpf-WS2mh
梅花浮雕

E3zzpf-WS2lh
兰花浮雕

E3zzpf-WS2xz
秀竹浮雕

E3zzpf-WS2jh
菊花浮雕

此屏风名为至尊屏风，屏首镂空雕花。
屏框与屏心连接处以万字纹镂空。屏
心双面均刻有不同纹饰：一面为文字
家训，另一面则雕有梅兰竹菊四君子。

5.1.6 套件类家具

【套件】

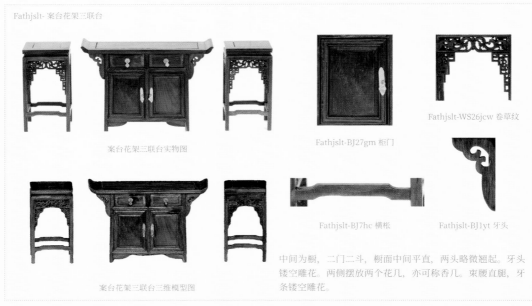

Fathjslt- 案台花架三联台

案台花架三联台实物图

案台花架三联台三维模型图

Fathjslt-BJ27gm 柜门

Fathjslt-WS26jcw 卷草纹

Fathjslt-BJ7hc 横枨

Fathjslt-BJ1yt 牙头

中间为橱，二门二斗，橱面中间平直，两头略微翘起。牙头镂空雕花。两侧摆放两个花几，亦可称香几。束腰直腿，牙条镂空雕花。

Fbjtbxzwjt- 八角台八仙桌五件套

八角台八仙桌五件套实物图

Fbjtbxzwjt-BJ13yq 椅圈

Fbjtbxzwjt-BJ26kbb 靠背板

Fbjtbxzwjt-BJ24fs 扶手

Fbjtbxzwjt-WS26jcw 卷草纹

八仙桌，与圈椅成套使用，因可供八人围坐而得名。此八仙桌桌柱镂空，腿足为鼓腿变形。牙板镂空雕花。

Fdhqysjt- 雕花圈椅三件套

雕花圈椅三件套实物图

Fdhqysjt-BJ26kbb 靠背板

Fdhqysjt-BJ13yq 椅圈

Fdhqysjt-WS26jcw 卷草纹

中间为几，牙板镂空雕花。两侧摆放圈椅，其中背部支撑部分镂空、有花纹。牙板部分镂空雕花。

Fdhtsysjt- 雕花太师椅三件套

雕花太师椅三件套实物图

Fdhtsysjt-WS33ryw 如意纹

中间为几，直腿有束腰，牙板边缘呈锯齿状，优美简洁。左右两侧为太师椅，整个太师椅背部镂空雕花，牙板同样为波浪形，与几相呼应。

雕花太师椅三件套三维模型图

【套件】

Ffdyzqjt- 浮雕圆桌七件套

浮雕圆桌七件套实物图

Ffdyzqjt-BJ15tz 腿足

Ffdyzqjt-BJlgc 罗锅枨

Ffdyzqjt-WS11lw 龙纹

中间为一圆桌，有束腰，鼓腿膨牙。牙板上有浮雕。底部有足承。周围
有六个圆凳，亦有束腰、鼓腿膨牙。整体造型统一。

Ffzgmysjt- 福字宫帽椅三件套

福字宫帽椅三件套实物图

Ffzgmysjt-BJ14dn 搭脑

Ffzgmysjt-WS5fz 福字浮雕

Ffzgmysjt-BJ26kbb 靠背板

福字宫帽椅三件套三维模型图

中部为几，无束腰，牙板为"凹"形。两侧为四出头宫帽椅，
背部开光，且雕有"福"字。

Fgmybxzwjt- 官帽椅八仙桌五件套

Fgmybxzwjt-BJ15mtz 马蹄足　　Fgmybxzwjt-BJ24fs 扶手

Fgmybxzwjt-BJ1yt 牙条

宫帽椅八仙桌五件套实物图

此八仙桌牙板镂空雕花。周围四把四出头官帽椅，有搭脑，背部透雕，牙板雕有花纹。

Fhgqysjt- 皇宫圈椅三件套

Fhgqysjt-WS26jcw 卷草纹

皇宫圈椅三件套实物图

Fhgqysjt-BJ26kbb 靠背板　　Fhgqysjt-BJ23tz 托子

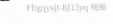

Fhgqysjt-BJ13yq 椅圈

皇宫圈椅三件套三维模型图

Fhgqysjt-BJ5tn 托泥

中间为几，有束腰。腿部内侧有弧度变化，虽外部直腿，但仍造成鼓腿效果。腿上附有镂空雕花装饰。足部有托泥。两侧摆放圈椅，其中背部支撑部分周围有镂空雕花装饰。

【套件】

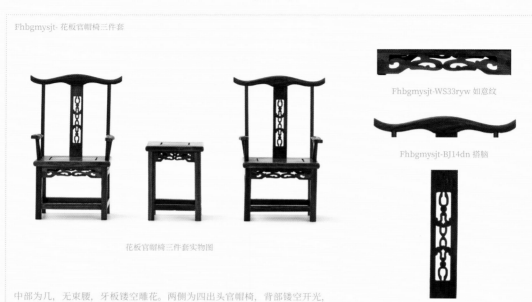

Fhbgmysjt- 花板官帽椅三件套

花板官帽椅三件套实物图

Fhbgmysjt-WS33ryw 如意纹

Fhbgmysjt-BJ14dn 搭脑

Fhbgmysjt-BJ26kbb 靠背板

中部为几，无束腰，牙板镂空雕花。两侧为四出头官帽椅，背部镂空开光，牙板镂空雕花。

Fhwtsysjt- 回纹太师椅三件套

回纹太师椅三件套实物图

Fhwtsysjt-WS32hw 回纹

回纹太师椅三件套三维模型图

中间为几，直腿有束腰，牙板边缘呈锯齿状，优美简洁。左右两侧为太师椅，太师椅背部为回纹镂空雕花，牙板为波浪形，与几相呼应。

Fjjysjt- 将军椅三件套

将军椅三件套实物图

Fjjysjt-WS36bgw 博古纹

将军椅三件套三维模型图

中间为几，直腿有束腰，牙板边缘呈锯齿状，优美简洁。左右两侧为将军椅，或称一统碑椅。牙板为波浪形，与几相呼应。

Fljtqjt- 六角台七件套

六角台七件套实物图

Fljtqjt-WS34jhw 镂空几何纹

Fljtqjt-WS26jcw 卷草纹

中间的桌子为六角，与周围的六角墩对应。桌子有束腰，牙板镂空雕花。墩同样有束腰，墩身镂空雕花，半开光样式。

【套件】

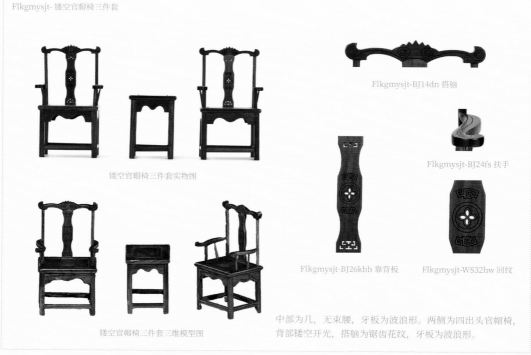

Flkgmysjt-镂空官帽椅三件套

镂空官帽椅三件套实物图

镂空官帽椅三件套三维模型图

Flkgmysjt-BJ14dn 搭脑

Flkgmysjt-BJ24fs 扶手

Flkgmysjt-BJ26kbb 靠背板

Flkgmysjt-WS32hw 回纹

中部为几，无束腰，牙板为波浪形。两侧为四出头官帽椅，背部镂空开光，搭脑为锯齿花纹，牙板为波浪形。

Fmsqysjt-明式圈椅三件套

明式圈椅三件套实物图

Flkgmysjt-BJ26kbb 靠背板

Flkgmysjt-BJ14dn 搭脑

中间为几，其牙板为"凹"字形，两侧摆放圈椅。

Fqybxzwjt- 圈椅八仙桌五件套

圈椅八仙桌五件套实物图

Fqybxzwjt-WS26jcw 卷草纹

Fqybxzwjt-BJ13yq 椅圈

圈椅八仙桌五件套三维模型图

Fqybxzwjt-BJ26kbb 靠背板

Fsctgmysjt- 四出头官帽椅三件套

四出头官帽椅三件套实物图

Fsctgmysjt-BJ26kbb 靠背板　　Fsctgmysjt-BJ24fs 扶手

Fsctgmysjt-BJ14dn 搭脑

中部为几，无束腰，牙板为"凹"形。两侧为四出头官帽椅。

【套件】

Ftsysjt- 太师椅三件套

太师椅三件套实物图

Ftsysjt-BJ15tz 腿足

Ftsysjt-WS5fz 福字图案

中间为几，有束腰，腿部外翻、搁板透雕花纹。两侧为太师椅，背部草纹镂空雕花、中间为实心圆板，雕有"福"字，有束腰，腿部外翻，与几形制相似。

Fygtljt- 圆鼓台六件套

中间为圆桌，有束腰，底部有托泥、龟足。周围物件为圆鼓凳。有束腰，鼓凳开光，呈现出条形。底部有托泥、龟足。

圆鼓台六件套实物图

Fzfbxzwjt- 正方八仙桌五件套

正方八仙桌五件套实物图

正方八仙桌五件套三维模型图

Fzfbxzwjt-BJ15mtz 马蹄足

5.1.7 其他

【其他】

Gfcsm-风车石磨

以风为动力的石磨。

风车石磨实物图

Gfxc-纺线车

纺线车实物图

Gmq-门墙

门墙实物图

拱形设计，墙上有开窗。

Gmqylxqls-门墙院落小桥流水

门墙院落小桥流水实物图

南方园林门墙样式。小桥流水设计，典雅秀丽。

Gmqylyd-门墙院落一对

门墙院落实物图

一对门墙院落，上有檐，遮阳挡雨。

【其他】

Gmqzq- 门墙真趣

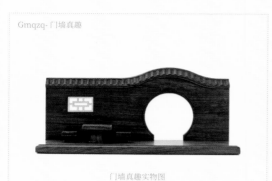

门墙真趣实物图

门墙院落造型。

Gpbc- 平板车

平板车实物图

古代运输工具，双手推持。

Gslyzdlc- 时来运转独轮车

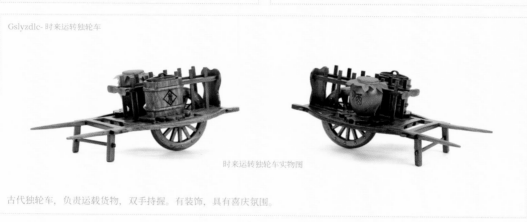

时来运转独轮车实物图

古代独轮车，负责运载货物，双手持握。有装饰，具有喜庆氛围。

Gwgfdsfc- 五谷丰登水风车

五谷丰登水风车实物图

5.2
部件

5.2.1 牙子

牙子是家具部件结合处的加固结构，也用于装饰，形制十分多样，如托角牙子、坐角牙子、牙条等。（图片参考 P83，B2dhta1-BJ1yt 牙头；P84，B2dhta-BJ1yt 牙头；P93，C2qtlsc-BJ1jy 角牙；P96，D1dhgft-BJ1yt 牙条）

5.2.2 券口与圈口

券口是家具立柱之间的镶板，常常带有镂空装饰。券口一般设在左右或后部。四面都有镶板的叫圈口。券口与圈口的形制多样，镂空的面积也各有不同。

5.2.3 挡板

前后腿之间的部件，用于加固，同时也能起到很好的装饰效果。

5.2.4 卡子花

帐子之间的花饰。

5.2.5 托泥与龟足

托泥指家具腿足下端的框形结构，可以加固腿足，也更加美观。（图片参考 P77，A3ygd-BJ5tn 托泥与龟足；P78，A4bz-BJ5tn 托泥）

5.2.6 矮老

横枨上起到支撑板面、加固四腿作用的结构。

5.2.7 枨子

枨子是一种常见的家具结构，起到加固、支撑的作用。其在演变过程中也逐渐有了装饰的作用。常见的有花枨、霸王枨、罗锅枨等。（图片参考 P82，B1cdxhj-BJ7lgc 罗锅枨；P92，C1zjg-BJ7hc 横枨）

5.2.8 铜饰件

常置于家具的边角，可以起到加固的作用，同时也能够点缀、装饰。

5.2.9 束腰

原是须弥座上枭与下枭之间的部分，在家具上是指面框与牙条之间缩进的部分。有束腰的家具，是我国传统家具造型的典型式样之一。（图片参考 P77，A3ygd-BJ9sy 束腰）

5.2.10 墙板

位于家具左右两侧，呈垂直面的板材统称"旁板"或"墙板"。

门罩，架子床迎面设置的装饰构件，有"月洞式""栏杆式"及"八方式"等。（图片参考 P87，B3sz 书桌）

5.2.11 飘檐

拔步床踏步架如"屋"，屋上之檐曰"飘檐"。

5.2.12 门围子

有的架子床除三面设围子外，正面还立门柱，门柱与角柱之间安装两块方形的围子，叫"门围子"。（图片参考 P98，D2lzjzc 六柱架子床）

5.2.13 椅圈

圈椅的搭脑向两侧前方延伸与扶手连成一体，构成一个圆形，俗称"椅圈"，又称"栲栳样"。（图片参考 P81，A4xqy-BJ13yq 椅圈）

5.2.14 搭脑

搭脑是椅背的横梁，常为弓形或直线形。有些搭脑凸出于椅背，形成"飞角"，有些中部凸出呈弧形。除了支撑头颈等实际功能外，也起到了装饰的作用。（图片参考 P81，A4xgmy-BJ14dn 搭脑；P96，D1dhgft-BJ14dn 搭脑）

5.2.15 腿足

腿足是家具接地的部分，明清家具腿足变化多样，常见的形制有马蹄足、鼓腿膨牙、蚂蚱腿等。足部多有装饰。

马蹄足是明清家具常见的腿足形制，其特点是腿足上部凸出，向下顺势逐渐内收，神似勾起的马足，故此得名马蹄足。（图片参考 P77，A1cfwjt-BJ15mtz 马蹄足；P78，A4bz-BJ15mtz 马蹄足）

蚂蚱腿是一种腿足结构，其中部突出，有花翅，形似蚂蚱带翅的腿，因而得名。（图片参考 P86，B2zhstgz-BJ15tz 蚂蚱腿）

5.2.16 开光

在座墩或座椅的背板等处凿出的亮洞叫作开光。（图片参考 P77，A3ygd 圆鼓凳）

5.2.17 亮脚

有些家具在结合处开亮洞，增加设计的意趣。椅子靠背与椅面处的亮洞叫作亮脚。（图片参考 P79，A4dhbz 雕花宝座）

5.2.18 绦环板

床围等处中间透空的镶板。

5.2.19 墩木

立式家具着地的木块，常见于架、镜台、屏风。（图片参考 P109，E3ttlgcp 亭台楼阁插屏）

5.2.20 琴脚

屏风着地的横木。（图片参考 P106，E3jllpf-BJ20qj 琴脚）

5.2.21 栅板

也称"虚镶"，是高型家具横材和竖材之间用于装饰的部件。（图片参考 P105，E3flscp -BJ21zb 栅板）

5.2.22 搁板

可以分隔上下空间。有些搁板可以活动，可安装在柜体的不同位置。（图片参考 P93，C2jgc-BJ22gb 搁板；P102，E1dbg-BJ22gb 搁板）

5.2.23 托子

足端着地的横木。托子与托泥类似，只是直接着地。（图片参考 P78，A4bz-BJ23tz 托子）

5.2.24 扶手

在椅子左右两侧，可以用来搭手。一般为圆柱状，有的也为屏状。（图片参考 P78，A4bz-BJ24fs 扶手；P80，A4cgy-BJ24fs 扶手）

5.2.25 头枕

有些椅子带有头枕，用于支撑头颈。（图片参考 P80，A4cgy-BJ25tz 头枕）

5.2.26 靠背板

用于靠背。有些椅子为了美观，常设有镂空雕花的靠背板。（图片参考 P81，A4xgmy-BJ26kbb 靠背板）

5.2.27 柜门

由一块完整的板材构成，可以收纳、防潮。在橱柜家具中，柜门往往是整件家具装饰的核心。（图片参考 P88，C1csk-BJ27gm 柜门；P89，C1dxdg-BJ27gm 柜门）

5.2.28 围栏

一般在架上会出现，在置物的平台前或后以低矮的横木将其围住，防止物品掉落。围栏多镂空雕花，增添美感。（图片参考 P101，E1dbg1-BJ28wl 围栏）

5.2.29 提手

位于箱、盒的上部，用于提拉。（图片参考 P95，C2qcssh-BJ30ts 提手）

5.2.30 盒盖

用于盒子的密封。

5.2.31 屏心

屏风的主要部件之一，多为木制、玉制，带有名人字画等。（图片参考 P110，E3xhydpf-BJ31px 屏心）

5.2.32 底座

用于支撑家具，使家具更加稳定的同时增强厚重感。

5.2.33 屏框

位于屏心下方。（图片参考 P111，E3xqcp 喜鹊插屏）

5.3
纹饰

5.3.1 各类神兽

5.3.1.1 龙纹

龙是中国古代具有代表性的瑞兽，寓意智慧、权威、风调雨顺。古代帝王以真龙天子自居，对于龙纹的使用有着极其严格的规定，因此带有龙纹的家具多为皇家专用。（图片参考 P80，A4lfbz-WS11lw 龙纹；P92，C1zjg-WS11lw 龙纹透雕）

5.3.1.2 夔龙

甲骨文中的龙，虽然没有固定的形式，但是基本上可以认定是一种因时屈伸的灵虫，而双龙拱起则象征与雨有关的虹[1]。

5.3.1.3 狮纹

狮子原产于非洲，然而狮子的形象在中国传统纹饰中十分常见。汉武帝时期就有世界各地产出的鸵鸟、犀牛、狮子等作为贡品进入中原。有些狮子雕刻和纹饰带有翅膀，可能是受到中亚有翼猛兽形象的影响[1]。古人认为，狮子是威严的象征，因此常将其纹在盛放贵重财物的箱柜等处。

5.3.1.4 麒麟

传说麒麟"不践生草，不履生虫"，因此将其视为仁厚的象征。

5.3.1.5 瑞鹿

古人认为, 动物的白化个体是吉祥的预兆, 称为"祥瑞", 因此所谓"瑞兽"大多为白色。古人认为, 白鹿是仙人的坐骑, 白鹿的出现代表天下清平, 仁政遍施。

5.3.1.6 海马

海马又被称作"龙马"或"海龙", 以多子著称, 自古以来便是多子多福的象征。

5.3.2 各类植物

5.3.2.1 梧桐

梧桐枝干挺拔, 根深叶茂, 是美好高洁的象征。梧桐叶落是秋天的象征, 因此又多一份凄凉之感。

5.3.2.2 灵芝

灵芝极其稀有, 传说有使人长寿的功效, 因此常与福禄寿、松鹤等意象同时出现, 寓意长命百岁。

5.3.2.3 莲花

莲花是佛教的象征, 儒者认为莲花具有"出淤泥而不染"的特性, 因此莲花广受推崇。无论是香炉、烛台, 还是屏风、书案, 都常见有莲花纹饰。

5.3.2.4 牡丹

牡丹是富贵的象征。

5.3.2.5 菊花

古人认为，菊花高洁傲寒，在众花凋零时盛开，因此常以菊花比喻隐者。

5.3.2.6 卷草纹

卷草纹流行于唐代，故又被称为唐草。其造型有忍冬、兰花、牡丹等，多呈"S"形且绵延不断。不同造型的唐草有不同的含义，整体来说，唐草寓意着生生不息、欣欣向荣。（图片参考 P84，B2dhta-WS26jcw 卷草纹；P89，C1gyk-WS26jcw 卷草纹）

5.3.3 各类图案

5.3.3.1 云纹

云纹常与龙纹、蝙蝠纹等同时出现，其形式多种多样，常由如意纹和漩涡纹组成，寓意吉祥高升。（图片参考 P98，D2fdqplhc-WS31xyw 祥云纹）

5.3.3.2 回纹

回纹即"回"字纹饰，是由向内卷曲的直线构成的条纹。有些回纹相互连续，称为"回回锦"。（图片参考 P83，B2dhta1-WS32hw 回纹；P89，C1dxdg-WS32hw 浮雕回纹）

5.3.3.3 如意纹

如意纹寓意万事如意，其形取自如意。

5.3.3.4 几何纹

几何纹是由各种图案、条纹构成的纹饰，也称"锦纹"。

5.3.4 各种神话故事

5.3.4.1 五岳真形图

五岳即华山、衡山、嵩山、泰山、恒山。五岳是道教中的五座仙山，在儒家经典《尚书》中，也曾记载舜曾经巡守五岳，并以此为基础划分九州。

5.3.4.2 八仙

八仙是道教传说中的八位神仙，分别为：汉钟离、吕洞宾、张果老、曹国舅、铁拐李、韩湘子、蓝采和、何仙姑。八仙纹饰通常仅表现八仙各自的宝物，这种表现形式称为暗八仙。

5.3.4.3 八宝纹

八宝是佛教法器，即法螺、法轮、宝伞、白盖、莲花、宝瓶、金鱼、盘长。寓意神通广大，普渡众生。

参考文献　　　[1]　沈从文.中国文物常识[M].北京：北京理工大学出版社，2017.

后 记

　　家具本是人类生活起居的日常用具，在漫长的岁月里被镌刻上了独特而厚重的印记，成为社会历史变迁中无声的见证者。了解古代家具，便是在了解古人的历史文化、社会风俗和生活方式，了解他们如何祭祀、如何劳作、如何书写、如何饮酒、如何吃饭，以及在什么样的物件陪伴下度过一生。在这本书里，我们对明清家具的介绍仅是冰山一角，前有王世襄老先生博览古今，写下空前绝后的《明式家具珍赏》，如今各界学者也在为了考古文博事业不懈努力。而我能做的，是凭借着对人文艺术的热爱和兴趣，利用工程科学的学科背景和专业知识，做出一些创新性的尝试，为物质文化遗产的保护与传承提供技术支撑，弘扬中国优秀传统文化。

　　2019 年的初夏，我带着几个热爱中国古典文化的大一学生，开启了明清家具三维数字文化档案的建设工作。当围坐在一起聊起明清家具时，我能看到他们眼里的热忱与光芒。随着研究的推进，我们的队伍不断壮大，学生们来自同济大学测绘与地理信息学院、人文学院、机械与能源工程学院、设计创意学院和软件学院。四年来，他们在同济大学的培养教育下成长成才，三维数字文化档案的内容也在不断地丰富完善。这是一次大胆的尝试，以"新工科"建设为背景，以智能测绘为核心，融合同济大学的人文与设计学科优势，将兴趣爱好与学科交叉、学生培养相结合。一路走来，我欣喜地看到了自然科学与历史人文的交融，理性思维与感性思维的碰撞。

　　从一张白纸出发，我们对明清家具的类别、部件和纹饰进行调研梳理，根据归纳整理的明清家具样式和属性信息，请非遗工匠手工打造了一百多套明清家具微缩模型。我们自主研发了精细感知与三维重建系统，解决了小型文物无法接近和常规直接量测的问题，通过摄影测量、机械自动化、计算机视觉、物联网等多学科知识交叉融合，对硬件和算法进行创新，实现了文物数字化的技术突破和三维重建的高精度、全自动化与可定制化，并且低成本、高效率、无需接触、操作便捷。我们实现了对一百套明清家具微缩模型的高精度三维重建与信息化精确表达，并依据三维模型开展文物要素提取、分类体系搭建、属性信息管理与索引结构设计的工作，形成历史文化和数字模型融合的信息库，构建了高精度三维数字文化档案。依托建模成果，我们还开展了文物数字化生态研究，利用数字创意的画笔，绘出传统文化的新生命形态，同时打造出文化遗产的数字化入口，为下一代创造文化传承的土壤，让文物与现代科技相契合，让传统文化在云端发扬光大。

明清家具只是一个起点，基于"赋予明清家具数字新生，传承中华艺术瑰宝"的设计理念，我们希望利用智能测绘技术保护更多的文物，通过科技的力量更好地传承中华文明。科研不能只停留在理论探索和实验室中，而是要走出去、沉下去，将成果应用于生产实践和实际生活中，服务于社会和人民。这是作为测绘人"测天下为大同，绘经纬以共济"的传承和追求，是作为同济人"同心同德同舟楫、济人济事济天下"的使命与情怀。

2022 年 7 月

图书在版编目（CIP）数据

明清家具计算机视觉建档技术 / 刘春等编著 . -- 上海：同济大学出版社 , 2022.10

ISBN 978-7-5765-0225-1

Ⅰ . ①明… Ⅱ . ①刘… Ⅲ . ①计算机视觉－应用－家具－档案管理－中国－明清时代 Ⅳ . ① TS666.204-39

中国版本图书馆 CIP 数据核字 (2022) 第 075557 号

2022 年度上海市重点图书

明清家具计算机视觉建档技术

刘　春　顾珈静　曾　勇　马玉涵　编著

责任编辑：李　杰　|　**责任校对：**徐逢乔　|　**装帧设计：**完　颖

出版发行：同济大学出版社 www.tongjipress.com.cn

（地址：上海市四平路 1239 号 邮编：200092 电话：021-65985622）

经　　销：全国各地新华书店、建筑书店、网络书店

印　　刷：上海丽佳制版印刷有限公司

开　　本：787mm×1092mm　1/16

印　　张：8.5

字　　数：212 000

版　　次：2022 年 10 月第 1 版

印　　次：2022 年 10 月第 1 次印刷

书　　号：ISBN 978-7-5765-0225-1

定　　价：98.00 元